Galileo 科學大圖鑑系列

VISUAL BOOK OF THE MINERAL
礦物大圖鑑

人人出版

前　言

本書並非僅僅介紹礦物種類的圖鑑，
更羅列出了鉅細靡遺的礦物知識，
舉凡礦物的種類、命名規則、產地、生成過程等，
為您解答各種「最想知道」的礦物問題。

您是否也對礦物有點了解，卻不是很透徹？
例如「礦物」與「岩石」有何區別？「石英」與「水晶」是否一樣？
本書內容有助於釐清這些「一知半解」。

再舉個例子，相信很多人都知道「紅寶石和藍寶石是同樣的礦物」。
兩者都是名為「剛玉」的礦物，
只是成分含鐵及鈦者呈現藍色，含鉻者呈現紅色。

書中將以精美圖片說明顏色、形狀以及化學成分上的差異。

此外，有些礦物如鋰輝石等等
不僅外觀美麗能加工成寶石，在工業應用方面也有價值，
可以提煉出「鋰」以作為「鋰離子電池」不可或缺的原料。

本書聚焦在我們生活周遭的礦物，
並依據不同用途分別介紹「珍貴的寶石礦物」
以及「稀有金屬原料的礦物」等。

從製作壺、盤等陶器所需的黏土，到運用在電子機械的稀有金屬，
什麼原料如何從哪種礦物取出、稀有金屬為何「稀有」，
種種問題都將隨著淺顯易懂的解說迎刃而解。

歡迎盡情遨遊美麗而深奧的「礦物」世界。

VISUAL BOOK OF THE MINERAL 礦物大圖鑑

1 何謂礦物

2 礦物形成的歷史

3 多采多姿的礦物晶體

4 珍貴的寶石礦物

5 光輝耀眼的礦物

6 生活中不可或缺的礦物

7 工業不可或缺的稀有金屬原料

（栃木縣產）P

針鐵礦的英文名稱取自德國詩人歌德。歌德生前對於地質學研究頗有興趣，亦蒐集了大量礦物。針鐵礦是從其他含鐵礦物分解出來的次生礦物，為多呈現塊狀的罕見針狀晶體。

針鐵礦（Goethite）

DATA	
分類	氫氧化礦物
晶體外形	針狀、塊狀
顏色／條痕	黃褐、暗褐／黃褐
硬度	$5 \sim 5\frac{1}{2}$
解理	完全
比重	4.3
晶系	斜方晶系
化學成分	$FeO(OH)$

1 何謂礦物

What are Minerals?

「礦物」與「岩石」有何不同

「礦物」（mineral）和「岩石」（rock）有什麼區別呢？礦物是特定原子以一定排列方式形成的晶體（第16頁）；岩石則是由各種礦物集合而成，而且從名稱即可得知其成分，例如花崗岩※（右頁照片）主要含有像是「石英」（quartz）、「角閃石」（amphibole）、「長石」（feldspar）、「黑雲母」（biotite）等礦物。

礦物種類繁多，例如金、銀、鑽石、鐵，還有陶瓷用的黏土。外觀特別美麗且稀有的礦物稱作「寶石」，而金屬資源等對人類生活有所助益者稱作「礦石」。

本書既會談及岩石，也會介紹各種礦物。

※嚴格來說應稱花崗閃長岩（granodiorite）。

各式各樣的稱呼

礦物在日常生活中擁有許多稱呼，某些寶石並不是礦物或岩石，例如樹脂形成的琥珀、生物製造的珍珠。近年來礦物稱呼有了新的定義，當一塊礦物裁切成薄片（厚度約30微米）時，外觀通透者謂之「石」，不通透者謂之「礦」。不過仍有部分礦石沿襲長久以來使用的學名。

石

河岸和路邊常見的「石頭」多為岩石。

寶石

稀有且美麗的礦物通常稱作「寶石」。

礦石

有助於人類生活的岩石或礦物稱作「礦石」。

岩石內含各種礦物

岩石的名稱取決於所含的礦物（岩石的產地及成因待第二章進行解說）。此外，構成岩石的主要礦物稱作「造岩礦物」（rock forming mineral）。

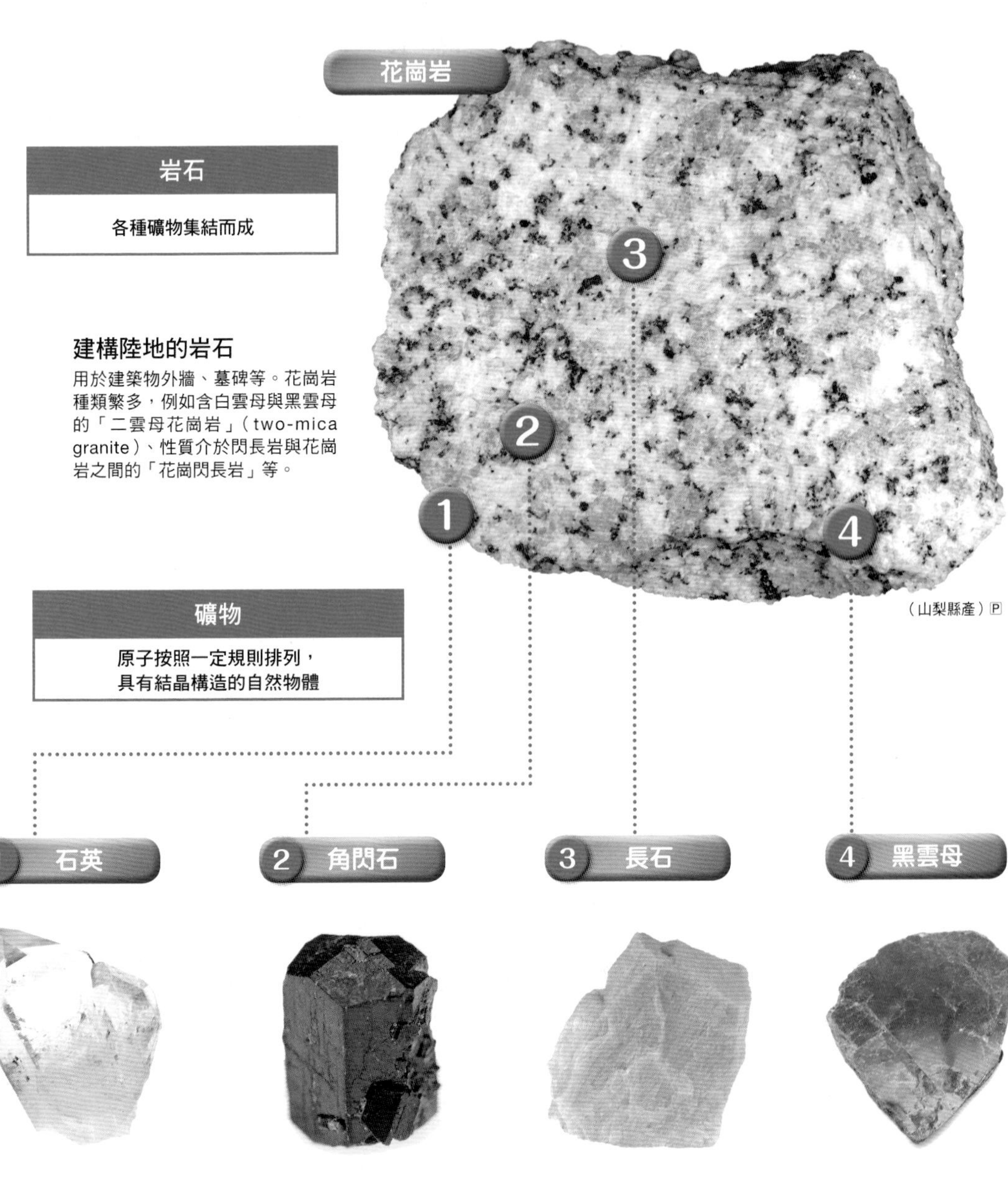

建構陸地的岩石

用於建築物外牆、墓碑等。花崗岩種類繁多，例如含白雲母與黑雲母的「二雲母花崗岩」（two-mica granite）、性質介於閃長岩與花崗岩之間的「花崗閃長岩」等。

透明的礦物，晶形清楚者則稱作「水晶」（第98頁）。

斷面（解理※）會發光的礦物（閃意指「發亮」）。
※解理請見第30頁。

長石依成分分成「斜長石」、「正長石」（第110頁）。

雲母的特徵在於晶體可以如薄片般剝下，表面平滑可反光。

所有礦物都是由「原子」構成

礦物是由肉眼看不見的微小原子按照特定形式排列而成的晶體。原子的種類稱為「元素」，目前人類已經發現118種元素（詳見第13頁）。

原子是一種「有形粒子」，為構成物質的基本單位。地球上所有物質都是由某些原子所構成。

例如下圖所示，水可分解成氧原子和氫原子，而氧和氫則無法再分解成其他物質。像這種由一種原子組成的物質，稱作「元素」。

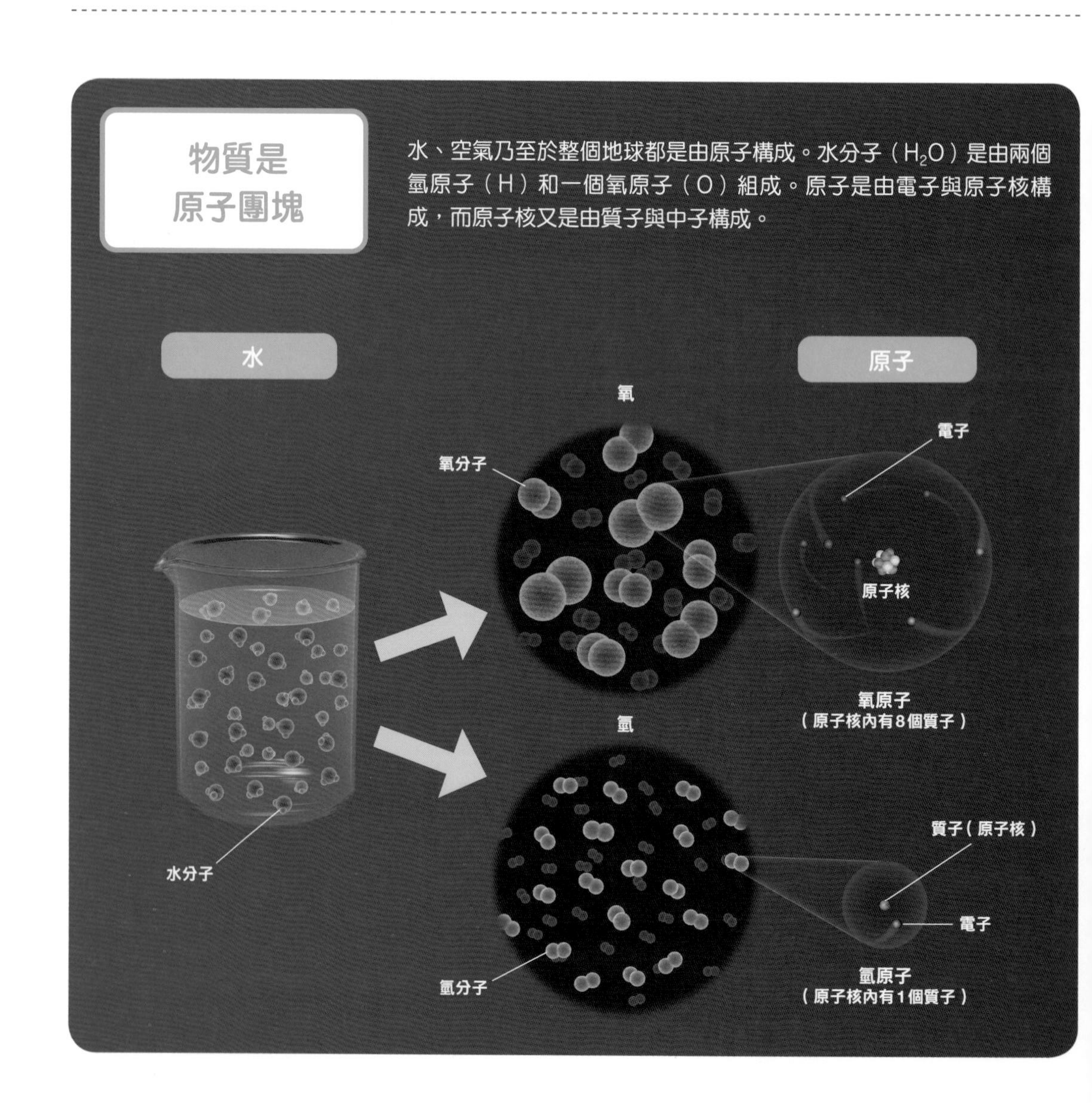

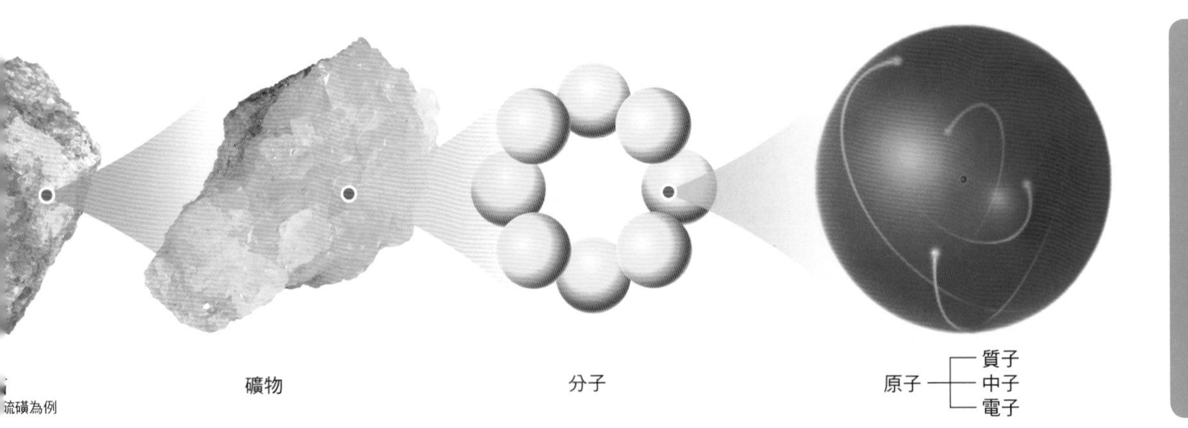

礦物是許多原子按照一定規則排列而成的晶體

若放大觀察岩石內的礦物，可知礦物是由原子組成。有些礦物則是某些原子集合成分子，這些分子再按照一定規則排列而成的晶體。原子之中還有質子、中子、電子，這些粒子的數量決定了元素的種類（詳見第12頁）。

原子微小無比

原子的平均大小約為直徑10^{-10}公尺（1000萬分之1毫米），即0.0000001毫米。打個比方，原子和高爾夫球的體積比，差不多等於高爾夫球與地球的體積比。

人與岩石皆由原子構成

除了硬邦邦的礦物，生物也是由各種元素構成。人體成分約有65%是氧（O）、18%是碳（C）、10%是氫（H），另外還有氮、鈣、磷等。

人

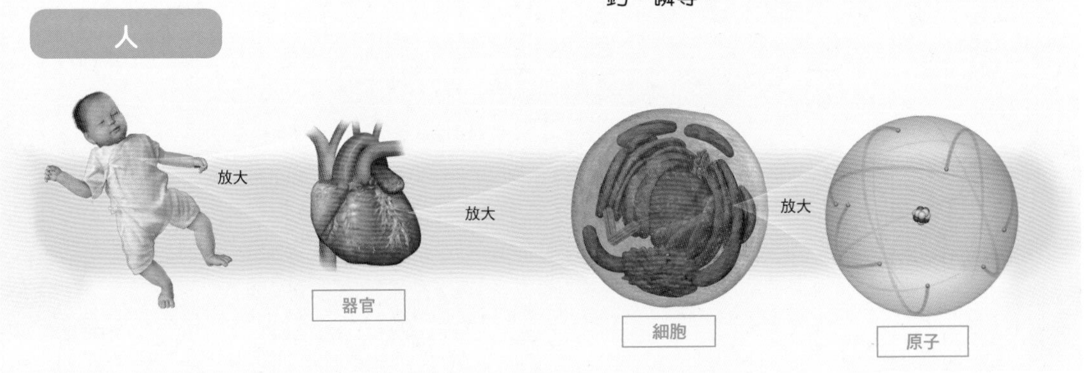

按照元素性質編排的「週期表」

原子的性質取決於原子核內的質子數，而依照各原子性質排列的表格即為「週期表」（periodic table），創始者為俄羅斯化學家門得列夫（Dmitri Mendeleev，1834～1907）。他發現將所有元素照順序排列，每隔一定週期就會出現化學性質相似的元素，設計出了週期表。週期表的縱行稱為「族」，橫列稱為「週期」。

週期表上的元素是按照原子序※排列，同一行（族）元素的「原子最外殼層的電子數」皆相同，同一列（週期）的元素則對應「電子殼層的數目」（第14頁）。

礦物就是由這些原子結合而成的物質。此外，元素並非皆為固態，還有以液態形式存在的汞、以氣態形式存在的氫及氦等。

※原子核內的質子數量。

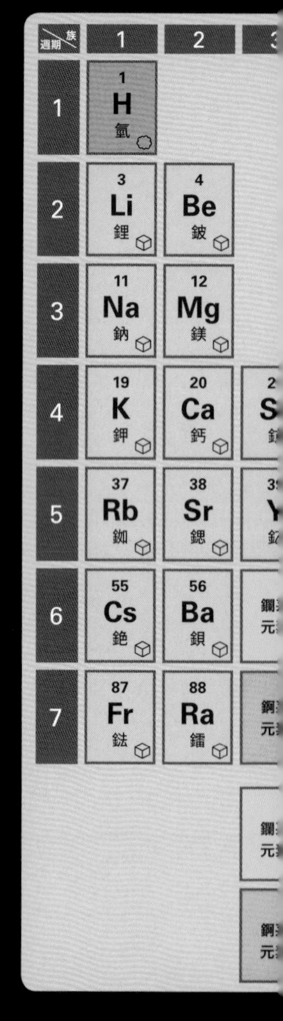

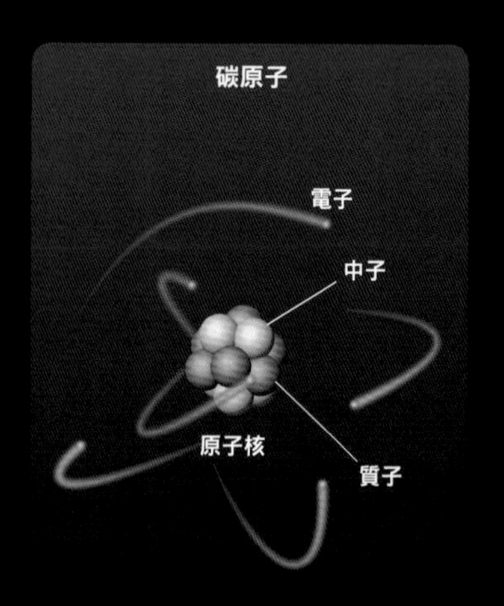

原子序等於原子核內的質子數

碳的原子核有6個質子，故原子序為6，如下圖所示。質子帶正電，電子帶負電，通常電子的數量與質子相同。

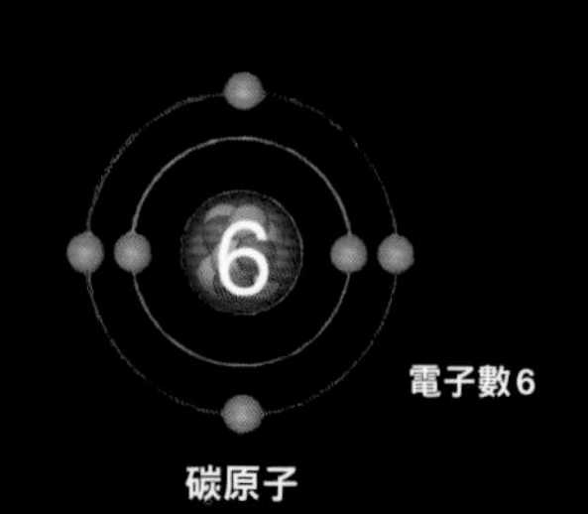

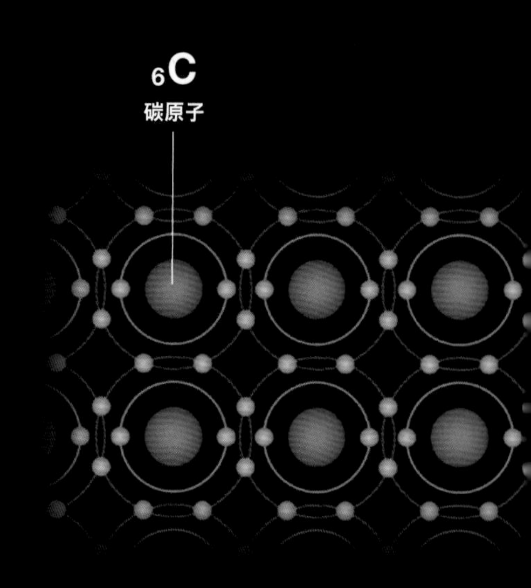

週期表

4	5	6	7	8	9	10	11	12	13	14	15	16	17	18
														2 He 氦
									5 B 硼	6 C 碳	7 N 氮	8 O 氧	9 F 氟	10 Ne 氖
									13 Al 鋁	14 Si 矽	15 P 磷	16 S 硫	17 Cl 氯	18 Ar 氬
22 Ti 鈦	23 V 釩	24 Cr 鉻	25 Mn 錳	26 Fe 鐵	27 Co 鈷	28 Ni 鎳	29 Cu 銅	30 Zn 鋅	31 Ga 鎵	32 Ge 鍺	33 As 砷	34 Se 硒	35 Br 溴	36 Kr 氪
40 Zr 鋯	41 Nb 鈮	42 Mo 鉬	43 Tc 鎝	44 Ru 釕	45 Rh 銠	46 Pd 鈀	47 Ag 銀	48 Cd 鎘	49 In 銦	50 Sn 錫	51 Sb 銻	52 Te 碲	53 I 碘	54 Xe 氙
72 Hf 鉿	73 Ta 鉭	74 W 鎢	75 Re 錸	76 Os 鋨	77 Ir 銥	78 Pt 鉑	79 Au 金	80 Hg 汞	81 Tl 鉈	82 Pb 鉛	83 Bi 鉍	84 Po 釙	85 At 砈	86 Rn 氡
104 Rf 鑪	105 Db 𨧀	106 Sg 𨭎	107 Bh 𨨏	108 Hs 𨭆	109 Mt 䥑	110 Ds 鐽	111 Rg 錀	112 Cn 鎶	113 Nh 鉨	114 Fl 鈇	115 Mc 鏌	116 Lv 鉝	117 Ts 鿬	118 Og 鿫
57 La 鑭	58 Ce 鈰	59 Pr 鐠	60 Nd 釹	61 Pm 鉕	62 Sm 釤	63 Eu 銪	64 Gd 釓	65 Tb 鋱	66 Dy 鏑	67 Ho 鈥	68 Er 鉺	69 Tm 銩	70 Yb 鐿	71 Lu 鎦
89 Ac 錒	90 Th 釷	91 Pa 鏷	92 U 鈾	93 Np 錼	94 Pu 鈽	95 Am 鋂	96 Cm 鋦	97 Bk 鉳	98 Cf 鉲	99 Es 鑀	100 Fm 鐨	101 Md 鍆	102 No 鍩	103 Lr 鐒

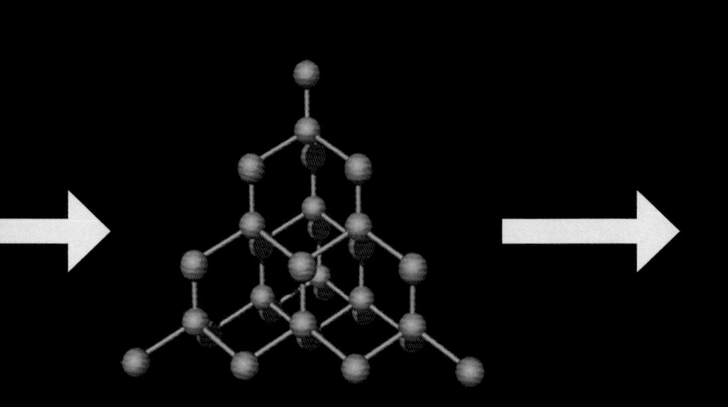

以立體模型表現

最左為原子的鍵結示意圖。鍵結大致分成三種：「離子鍵」、「共價鍵」、「金屬鍵」。鑽石是由1個碳原子與4個碳原子共用電子鍵結而成。

週期表上的同「族」元素彼此性質相似

週期表的縱行稱作「族」，同族元素彼此性質相近。比如最左邊的「第 1 族」元素擁有容易與其他物質反應的特性；另一方面，「第18族」的元素幾乎不會與其他物質反應。

原則上，原子內的質子與電子數量相同，質子帶正電，電子帶負電。電子分布於原子核外圍數個殼層（電子殼層），最外面的電子殼層（最外殼層）填滿電子時，原子會呈現「穩定」狀態。

第 1 族元素最外殼層的電子數只有 1 個，容易被其他物質奪走，所以性質很不穩定。換句話說，就是容易與其他物質反應。相反地，第18族元素由於最外殼層為填滿電子的閉合殼層，因此性質相當穩定，難以與其他物質反應。

容易反應的元素與不易反應的元素

第 1 族元素的鋰其最外殼層只有 1 個電子，電子狀態相當不穩定（右下圖黃色光暈）。這個電子容易被其他物質奪走，因此鋰很容易和水等物質產生劇烈化學反應。另一方面，第18族元素的氬其最外殼層有 8 個電子，電子狀態十分穩定，因此不易與其他物質反應。第18族元素都具備不易反應的性質，故稱作鈍氣或惰性氣體。

鋰雲母是含有大量鋰元素的礦物。由於鋰容易產生化學反應，因此自然界中幾乎不存在單質（僅以單一元素構成的物質）的鋰。

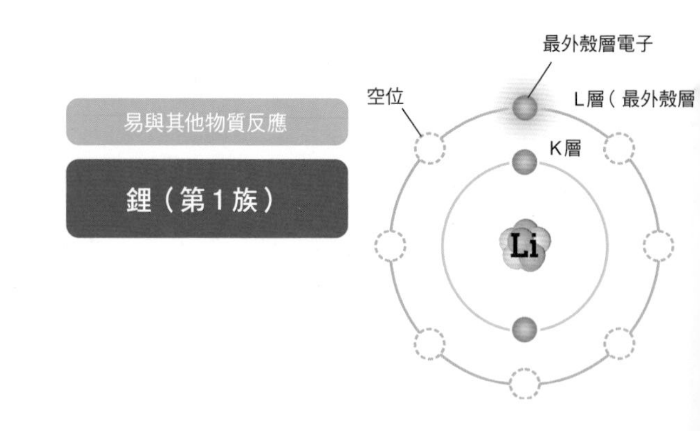

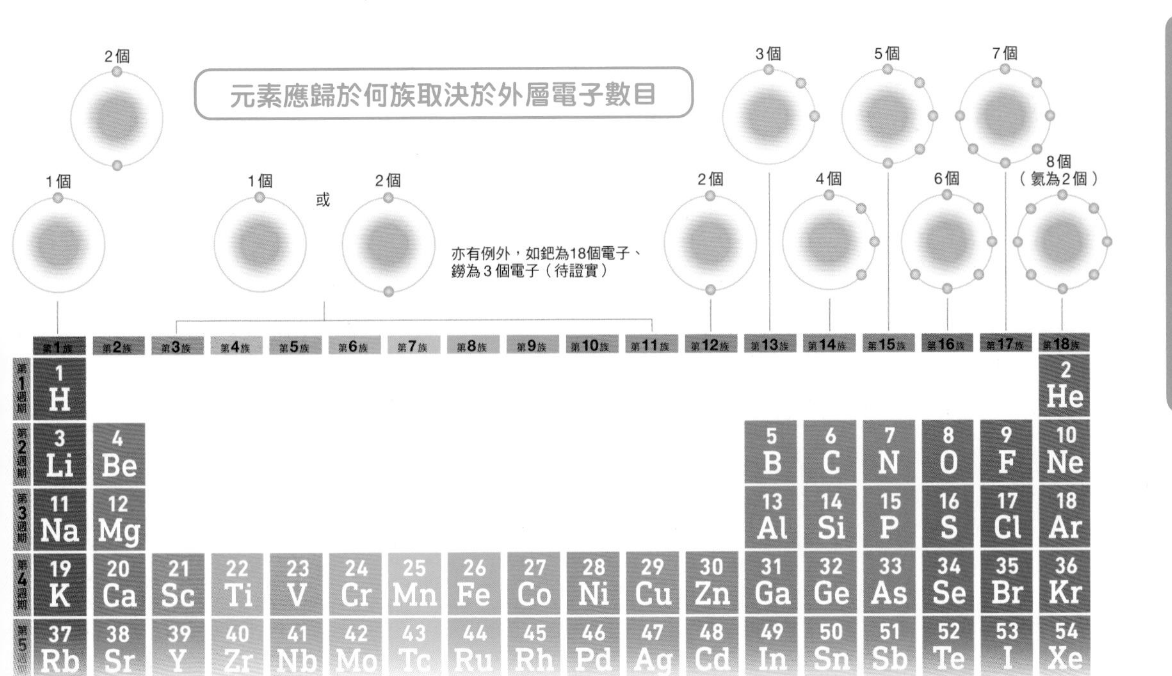

熔接金屬時，在高溫下融化的金屬容易與空氣中的氧反應，所以會噴射不易與其他物質產生化學反應的氬氣，以隔絕金屬與空氣。

不易與其他物質反應

氬（第18族）

M層（最外殼層）

L層

K層

Ar

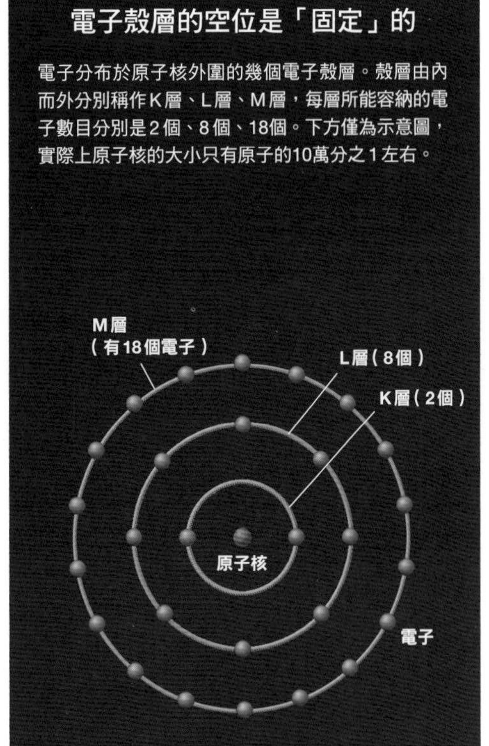

電子殼層的空位是「固定」的

電子分布於原子核外圍的幾個電子殼層。殼層由內而外分別稱作K層、L層、M層，每層所能容納的電子數目分別是2個、8個、18個。下方僅為示意圖，實際上原子核的大小只有原子的10萬分之1左右。

晶體為原子按規律排列而成的型態

若以微觀尺度觀察礦物，會發現礦物是由諸多原子或分子以特定方向與規律重複排列而成※，這種型態稱作「晶體」（crystal）。排列方式如圖所示大致可以分成六大類（詳見第三章）。

比如水晶色澤透明，而且處處可見多邊形的面。任何晶體由相對面構成的夾角皆固定。因為晶體內所有原子和分子的排列都具有嚴謹的規律與方向，如此才能以端正的外形呈現。這種由單一完整晶粒所構成的固體，稱作「單晶」（single crystal）。

實際上，許多固體都是由大量粉末聚集而成的不透明物質。若以顯微鏡觀察，會發現當中每一顆粉末都是一個小小的單晶，這種由單晶聚集而成的型態稱作「多晶」（polycrystal）。大理岩內的方解石，花崗岩中的石英、長石、雲母都經常以多晶形式存在。一般人普遍以為是單晶的鐵、銅等金屬，其實也是由一群小單晶集結而成的多晶。

※蛋白石、汞等不具晶體結構者的排列方式不規則。

立方晶系（等軸晶系）

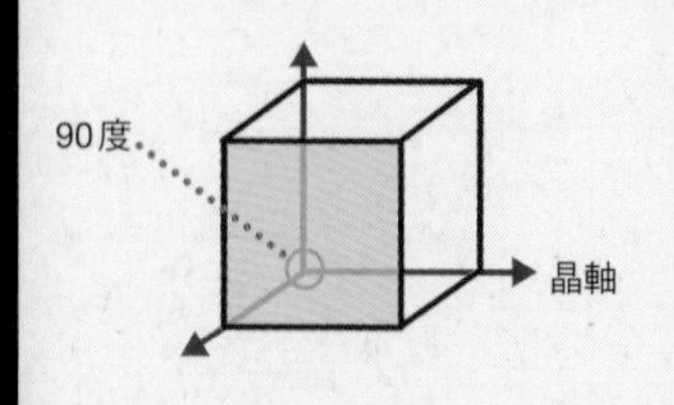

三個晶軸等長且相互垂直。代表礦物有鑽石、石鹽等。

正方晶系

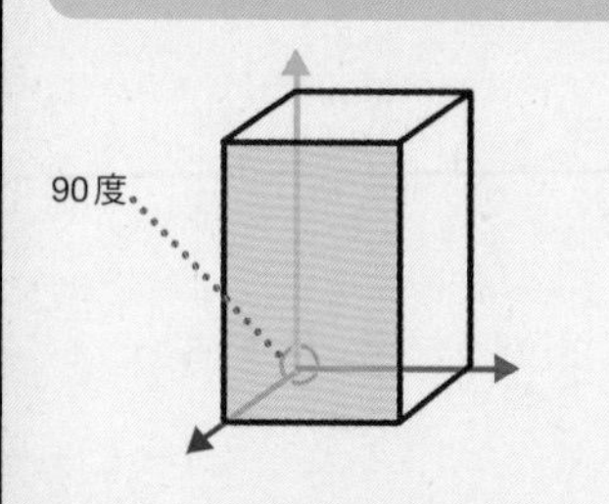

三個晶軸中有兩軸等長，且三軸相互垂直。代表礦物有黃銅礦、鋯石等。

斜方晶系（正交晶系）

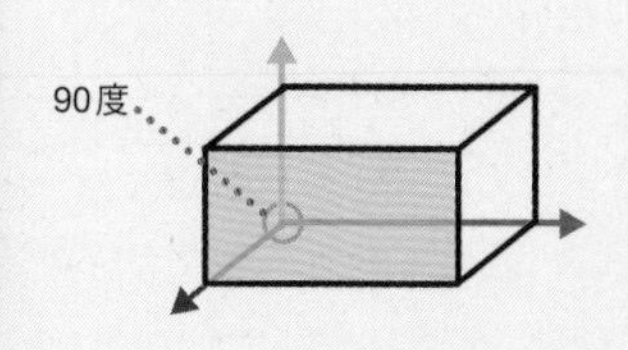

三個晶軸長度各異但相互垂直。代表礦物有硬石膏等。

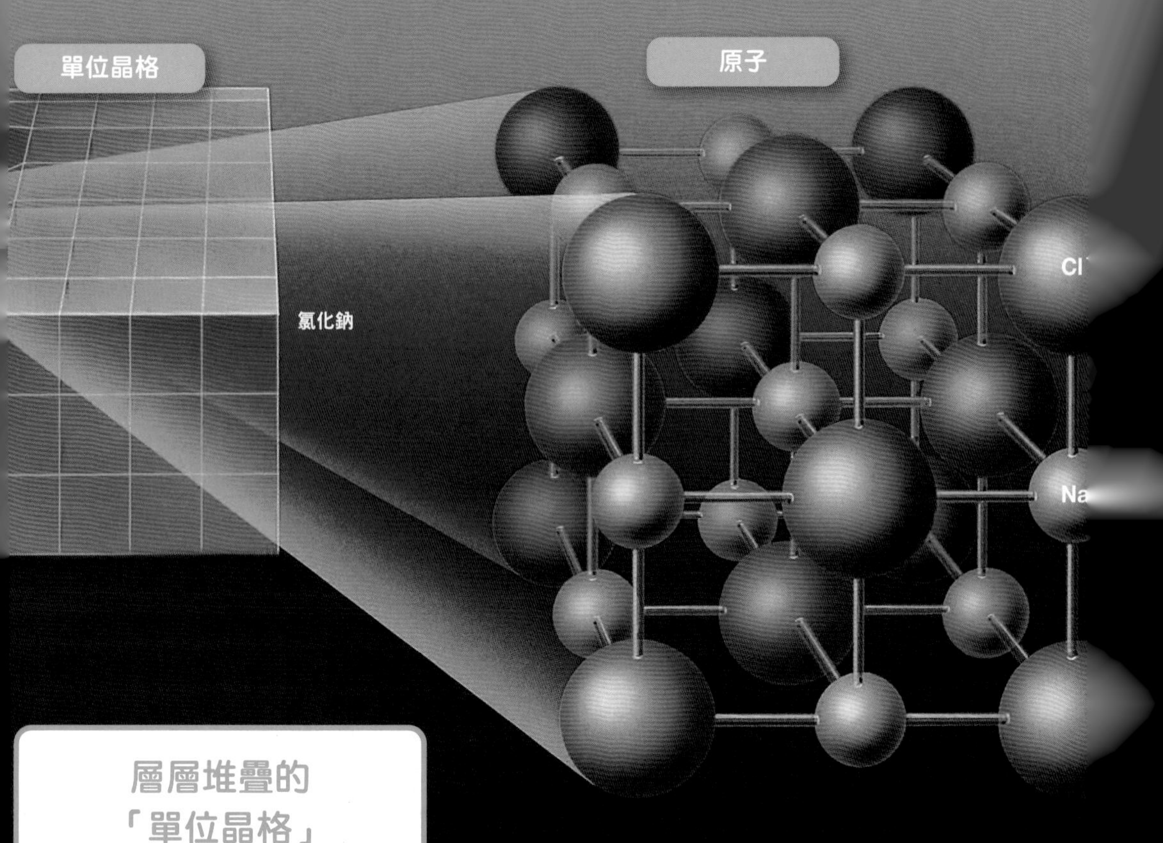

層層堆疊的「單位晶格」

晶體內的原子會依一定週期規律排列，其周而復始的最小單位稱作「單位晶格」（晶胞）。單位晶格就像由多個小方塊堆疊而成。

晶系

晶體排列方式可依照三個方向的晶軸角度與結合方式，分成以下六大晶系（詳見第三章）。其中，三方晶系的代表有辰砂、石英等；六方晶系的代表則有綠柱石、磷灰石等。

單斜晶系

晶軸之間有一夾角非90度

90度

三個晶軸長度各異，其中兩軸相互垂直。代表礦物有雄黃等。

三斜晶系

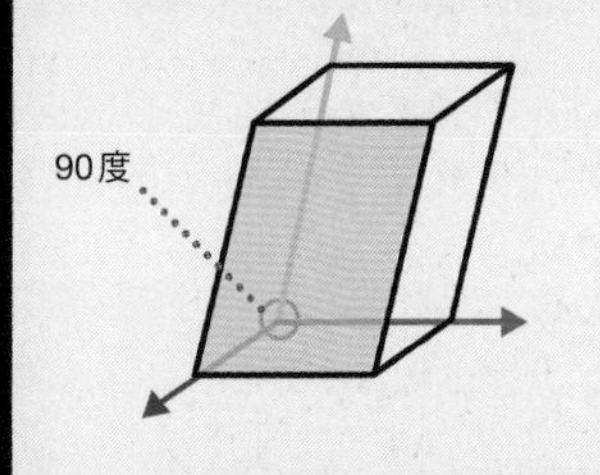

三個晶軸長度各異，相交角度亦不同。代表礦物有綠松石、薔薇輝石等。

三方晶系、六方晶系

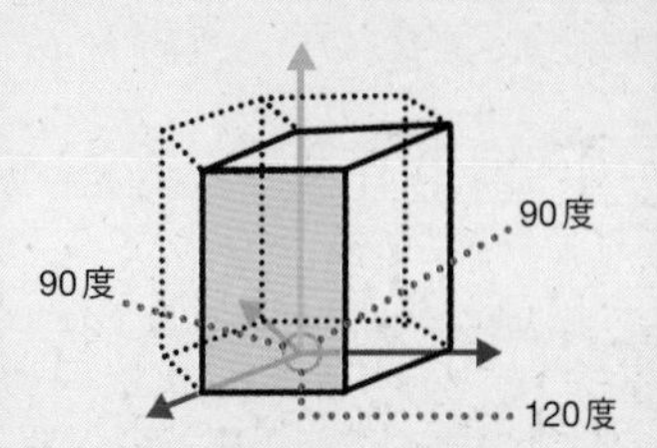

三方晶系的三個晶軸等長，且皆以90度以外的同一角度相交。六方晶系有四個晶軸，其中三軸互以120度相交，另一軸與前三者垂直相交。

礦物為什麼有這麼多種顏色

珍貴的寶石礦物顏色千變萬化，有紅、有綠、有黃，這些顏色都是礦物反射特定波長的光所造成的現象。

不只是礦物，任何「看得見」的東西都反射了來自光源的光。

陽光和燈光乍看之下是白色，其實當中如右頁下圖所示含有各種顏色的光。舉例來說，蘋果只會反射白色光中的紅光，並吸收其他顏色的光，所以看起來是紅色。換句話說，由於蘋果不會吸收紅色的光，所以才呈現紅色。

至於半透明物體的情況又是如何？以半透明的紅色墊板為例，墊板只讓紅色的光穿透，吸收了其他顏色的光，所以才會看起來偏紅色（左下圖）。

本身不發光的物體
藉由「吸收」與「反射」形成顏色

只要不是燈具或螢幕之類能自行發光的東西，都是反射了光源中的某些光才會被我們看見。比如白光照到蘋果時，蘋果吸收了光譜上波長範圍偏藍光的光，並朝四面八方反射（漫射）波長範圍偏紅光的光。這些光譜上未被吸收的光，從人類的眼中看來便是紅色。

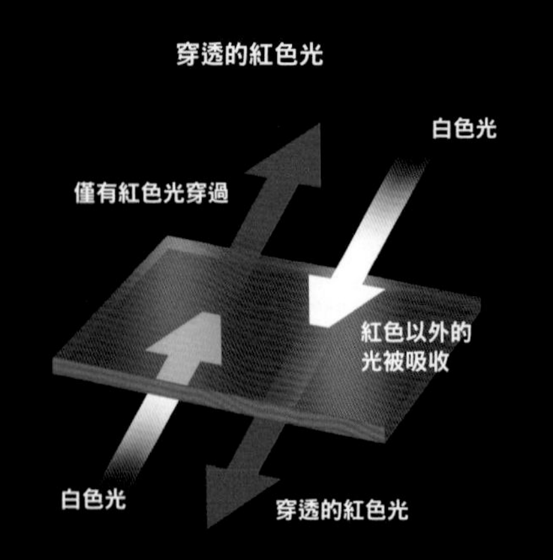

半透明墊板

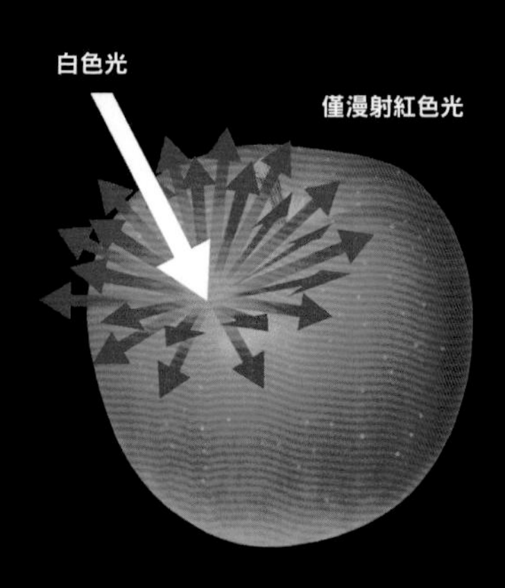

蘋果

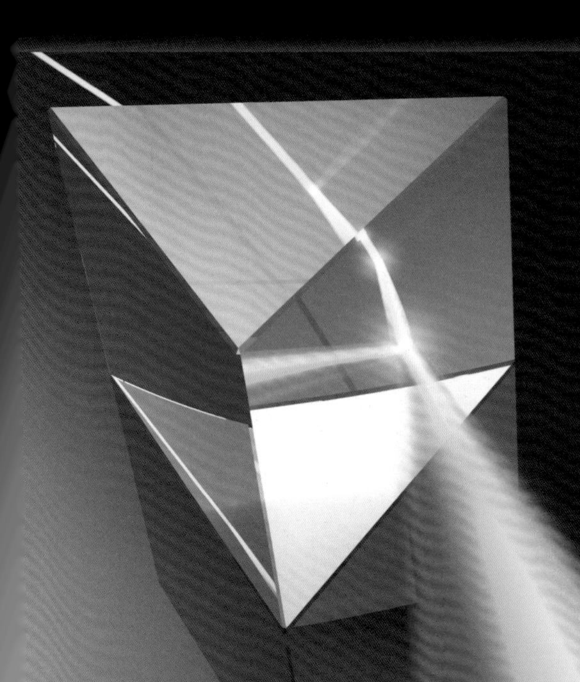

陽光內含的顏色

當陽光穿透三稜鏡，就會分散成七種顏色的光。光具有波的性質，不同「波長」的光具有不同顏色，依波長由長至短依序為：紅、橙、黃、綠、藍、靛、紫。此外，陽光除了這些肉眼可辨別的「可見光」之外，也包含「紅外線」、「紫外線」等人類看不見的光。

原子組成稍有不同就會改變吸收的顏色

舉例來說，「紅寶石」（ruby）與「藍寶石」（sapphire）乍看之下是截然不同的東西，其實兩者都是氧化鋁（Al_2O_3）構成的天然晶體，礦物分類上屬於「剛玉」（corundum）。只是因為內含雜質有些微不同，才呈現出不同的顏色（剛玉介紹詳見第84頁）。

純度高的剛玉透明無色，但只要含有百分之幾的「鉻」（Cr）便會吸收紫色及黃綠色光，主要只讓紅色光通過並反射，使其呈現紅色，此即紅寶石。

另一方面，含有「鐵」（Fe）、「鈦」（Ti）等雜質的剛玉主要吸收藍色光以外的光，剩下來的光使其呈現深藍色，此即藍寶石。藍寶石與紅寶石的主成分有98%以上相同，僅是因為些許的雜質差異，造就兩者呈現完全不同的顏色。

原本「sapphire」就是指紅寶石以外的各種顏色的剛玉寶石總稱。

紅寶石的色彩
（雜質為鉻）

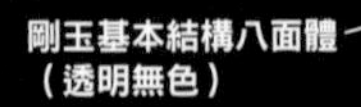
剛玉基本結構八面體
（透明無色）

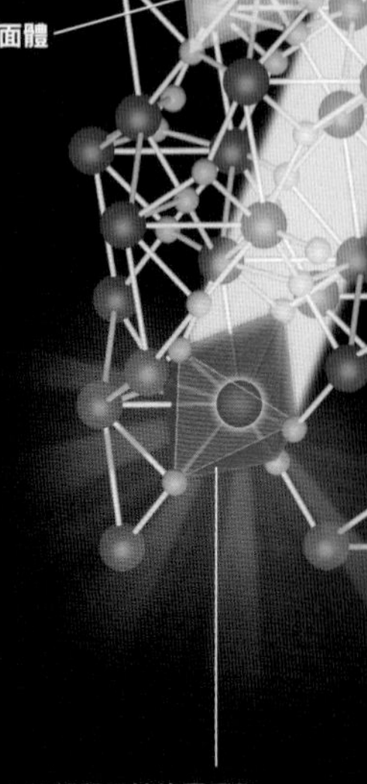
中心的鋁原子被鉻原子取代的八面體（呈現紅色）

祖母綠與紅寶石

即使雜質成分相同，原子排列方式（結晶構造）稍有不同也會使顏色改變。比如祖母綠是「綠柱石」（beryl，含鈹、鋁的矽酸鹽礦物）的一種，和紅寶石一樣摻雜了鉻，但是呈現綠色。祖母綠和紅寶石的結晶構造相同，都是6個氧原子包圍1個鉻原子的八面體，然而兩者在造型上卻有細微差異，使得吸收的光波長範圍也產生些許分別，造成紅寶石呈現紅色、祖母綠呈現綠色。（祖母綠介紹詳見第92頁；紅寶石介紹詳見第84頁）

紅寶石與藍寶石

插圖所示為以氧化鋁為主成分的部分結晶構造（球體大小非實際比例）。摻雜其中的金屬原子取代了部分鋁原子，造成物質吸收的光譜波段改變，進而改變礦物的顏色。

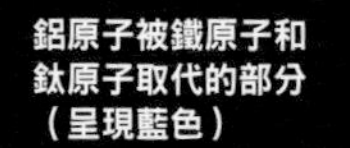

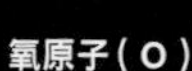

鋁原子（Al）

藍寶石的色彩

（雜質為鐵和鈦）

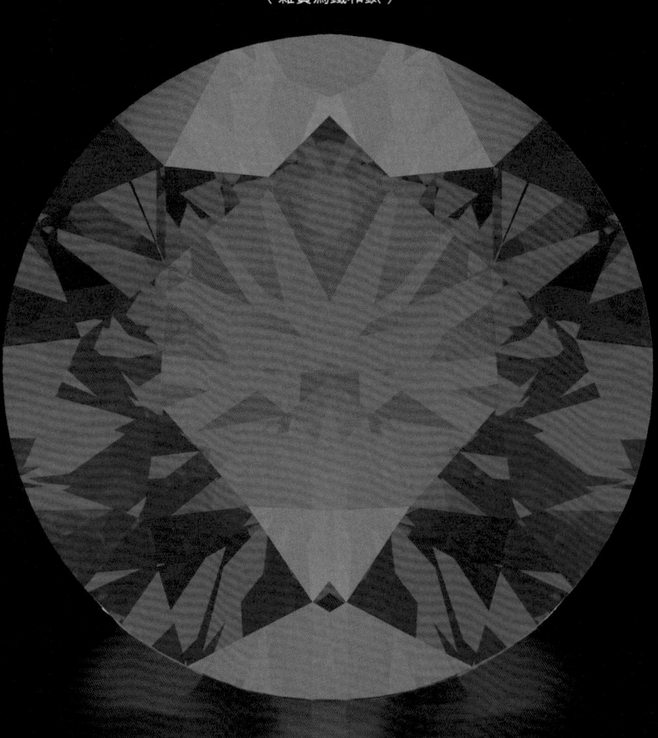

SECTION 8

Naming Rules

命名規則

礦物的分類方法與命名規則

目前已經發現大約5900種礦物※1。

礦物種類定義由1958年成立的「國際礦物學會」（International Mineralogical Association，IMA）制定，一旦發現疑似新種礦物，就會交給學會的「新礦物命名暨分類委員會」（IMA-CNMNC）進行審核認證。

原則上，礦物是根據化學成分與原子排列方式分類（第26頁），但也有其他分類方式。如下表所示，硬度、顏色、光澤、裂開的形式等都可以作為識別條件（各分類方式的介紹請見後續內容）。

此外，每種礦物也不會只有一種名稱，還有各國習慣的稱呼。

IMA認證的學名是以英文字母拼寫。不同於生物學名是採用屬名搭配種名的「二名法」（binomial system）※2，礦物學名僅使用單詞來表示，名稱多取自產地或研究者姓名。

※1：新種礦物經過認證便會列入「礦物列表」（List of Minerals）。截至2023年5月，收錄的礦物有5941種。

※2：使用拉丁語，以屬名搭配種名（種小名）的命名方式。由瑞典植物學家林奈（Carl Linnaeus，1707～1778）提倡。

依顏色與形狀分類

礦物的分類標準除了化學成分，還有顏色、形狀、硬度等，後面會陸續介紹各種標準。

硬度

依礦物的堅硬程度分類，如「摩氏硬度」。（第30頁）

外形

礦物隨著成長，會逐漸形成其獨特結晶型態。（第28頁）

晶系

依原子的排列方式區分。（第16頁）

化學成分

可以概分成10種類別。（第26頁）

解理

依礦物崩解時的「裂開形式」分類。（第30頁）

顏色

除了紅、藍等顏色分別，還有螢光等類型。（第五章）

條痕

依礦物磨成粉末時的顏色分類。（第32頁）

光澤

依礦物照光時的亮澤分類。（第五章）

專欄 COLUMN 以主成分命名的「50%法則」

以鎂橄欖石（forsterite）與鐵橄欖石（fayalite）為例，兩者的端成分（Mg和Fe）可以在不改變原子排列方式的情況下互換※1，因此會以含量較多的成分來定義種類。換言之，鎂多者為鎂橄欖石，鐵多者為鐵橄欖石，這就是俗稱的「50%法則」※2。若含三種以上的成分，則以占比最多的成分命名。

※1：此關係稱作「連續固溶體」。
※2：亦有不適用於此分類法的礦物。
※橄欖石是顏色如橄欖而得名。

礦物的學名

礦物的學名習慣上以英文字母拼寫，不使用希臘字母、西里爾字母、阿拉伯字母、漢字等。

化學成分	$Fe_3Al_2Si_3O_{12}$	原子排列相同但組成不同，即屬於不同種。
正式學名	Almandine	取自發現礦物的礦山名、地名、成分名、人名或外觀特徵等。
中文名稱	鐵鋁榴石	多以「石」或「礦」結尾。相較於學名常以地名或人名命名，中文比較常以化學成分稱之。

鐵鋁榴石（三重縣產）P

原子排列方式相同，但錳（Mn）取代鐵（Fe）則會變成「錳鋁榴石」（詳見第96頁）。

形似礦物卻非礦物 不似礦物卻是礦物

其實鹽和冰也是礦物，反而珍珠、珊瑚這些人們將其視為珍貴寶石的物質不是礦物。

區別礦物與否的標準在於「是否為生物活動的產物」。

琥珀原本是由樹液硬化而成，但是在地質作用下形成化石，所以算是礦物。而珍珠是由貝類體內分泌的碳酸鈣構成，因此屬於生物活動的產物而非礦物。

像菊石（Ammonoidea）這種曾經是生物，但經過漫長歲月變成和石頭一樣堅硬的東西，稱作「化石」（fossil）。「化石」是地質作用的產物，所以視其為礦物。

珍珠

當貝類感覺有異物跑進外套膜，便會分泌一種物質包裹異物，形成珍珠（第122頁）。

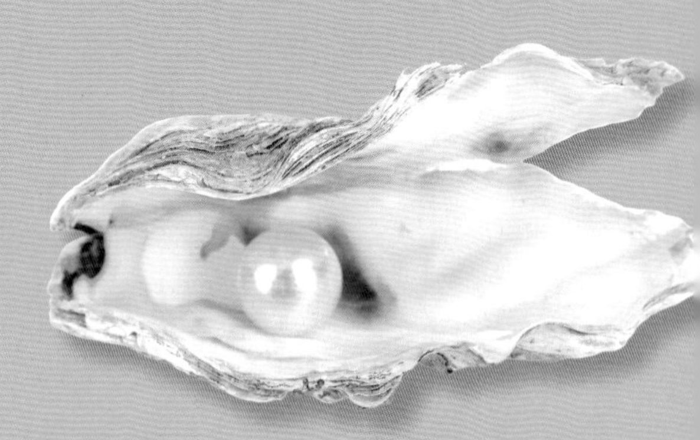

室溫下為液態的礦物「南極鈣氯石」

1963年，科學家於南極發現南極鈣氯石（antarcticite）。這種礦物熔點只有25℃，所以在室溫下會呈現液態。若要觀察其晶體，必須放入冰箱一段時間降溫。不過這種礦物並非只存在於南極，美洲、非洲亦有出產。南極鈣氯石的化學成分為 $CaCl_2 \cdot 6H_2O$，可以人工合成（照片）。氯化鈣（$CaCl_2$）易溶於水，只要將氯化鈣水溶液濃縮，就可以在30℃以下的環境製作。氯化鈣也是除濕劑的材料。

冰

水（H_2O）會依照溫度等條件，呈現液態、固態或氣態。其中，固態水稱作「冰」，擁有特定的化學成分——由2個氫原子（H）和1個氧原子（O）按一定規則結合而成，又是一種無機物，因此從固態晶體的定義來看，冰也屬於礦物。

南極的冰Ⓟ

化石

化石是遠古生物留下的遺骸。內臟等柔軟部分會自然分解，骨頭、牙齒、外殼等堅硬部分則較有機會殘留在土裡。若菊石（照片右上）和珊瑚（左上）等的屍體上堆積許多泥沙，再加上原是海洋的地方隆起形成陸地，經過風吹雨打便會露出。

琥 珀

琥珀是樹脂積年累月形成的化石，雖然原本是有機物，但仍屬於礦物。樹脂通常會自然分解，不過只要環境與條件適宜，成分就會穩定下來而硬化，形成「琥珀」。琥珀大多出土於白堊紀和古近紀的地層（第124頁）。

（千葉縣產）N

鹽

我們平時當作調味料使用的「食鹽」主成分是氯化鈉（NaCl），礦物名稱為石鹽。食鹽可以從岩鹽中開採，或從海水精製而成。石鹽晶體基本上是正六面體，但偶爾會隨著形成環境的條件呈現金字塔狀或樹枝狀。

石鹽晶體 P

以化學成分與結晶構造分類礦物

礦物可以依化學成分與元素之間的連接方式（結晶構造）分門別類。即使是以相同元素構成的礦物，一旦組成方式有所不同，電子運動方式、物理性質就會隨之改變（第126頁）。

國際礦物學會有制定一套礦物分類的標準，如圖所示，分類由大至小依序為：類（class）、亞類（subclass）、族（family）、超組（supergroup）、組（group）、亞組（subgroup）或系（series）。

許多礦物都是由2種以上的元素構成，僅含單一元素且按一定規律組成的礦物稱作「自然元素礦物」（native element mineral）或「元素礦物」。

分類階層

右表為2009年制定的礦物分類階層。亞組與系通常用於無法歸類於特定類群的礦物。

類（Class）	最基礎的分類
亞類（subclass）	根據原子團連結方式分類
族（family）	構造及成分相似的類別
超組（supergroup）	基本構造相同、化學成分類似的類別
組（group）	構造相同、化學成分相似的類別
亞組（subgroup） 系（series）	一個礦物之中含有多種不同構造與成分者、無其他類似化學成分的礦物

分類　結晶構造特徵　代表礦物

元素礦物

單一元素形成的礦物

例如金（Au）、鑽石（C）。

（以金原子為例）

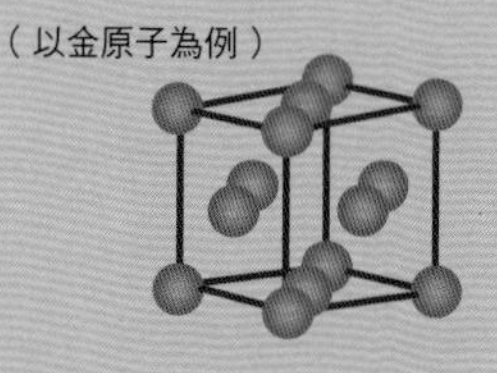

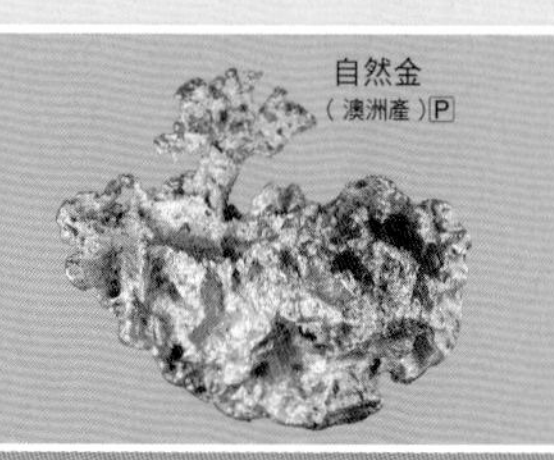

自然金（澳洲產）P

硫化礦物

硫與其他元素結合的礦物

多為帶有金屬光澤的礦物。

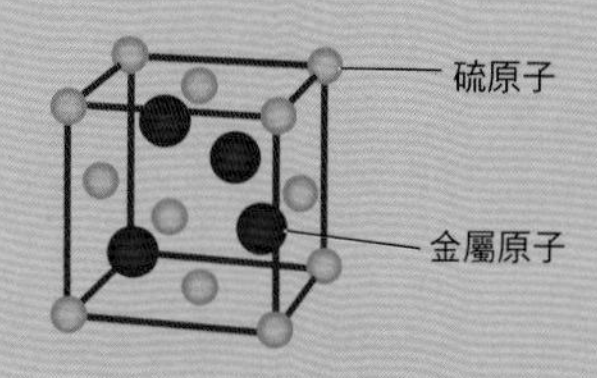

黃鐵礦（岩手縣產）P

鹵化礦物

以「鹵素」為主成分
易與金屬離子結合成鹽類的礦物

例如石鹽等可溶於水的礦物。鹵素（halogen）在希臘語中的意思為「製鹽」。

（以石鹽為例）

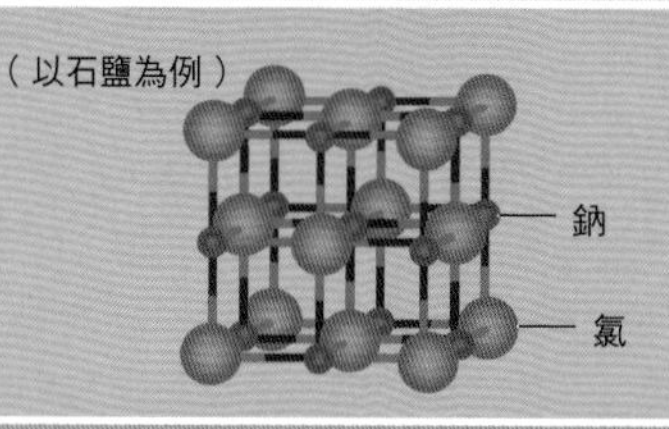

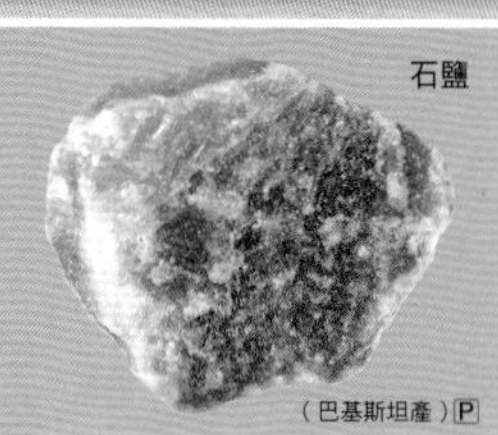

石鹽（巴基斯坦產）P

氧化礦物

某些原子與氧※結合形成的礦物

※含氫氧離子（OH^-）。

盛產寶石與資源。

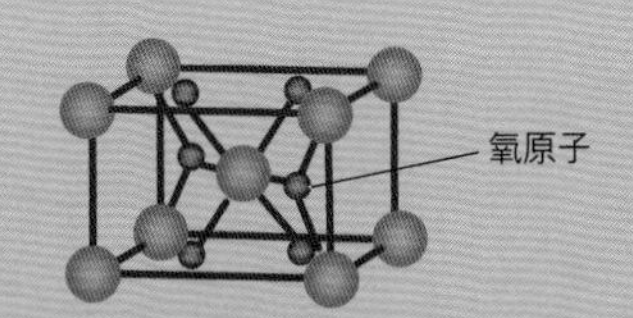

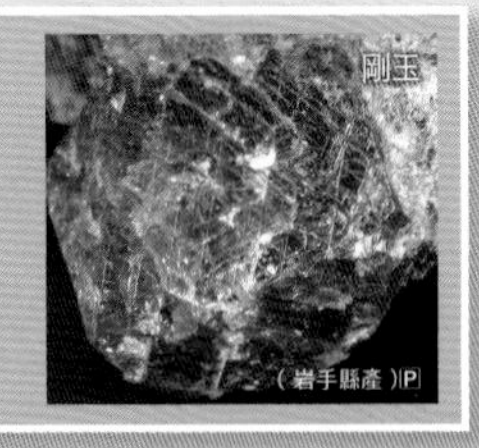

碳酸鹽礦物

以碳、氧組合的「碳酸根」構成的礦物

晶體呈現透明狀，大多接觸鹽酸時會溶解並釋出二氧化碳氣泡。

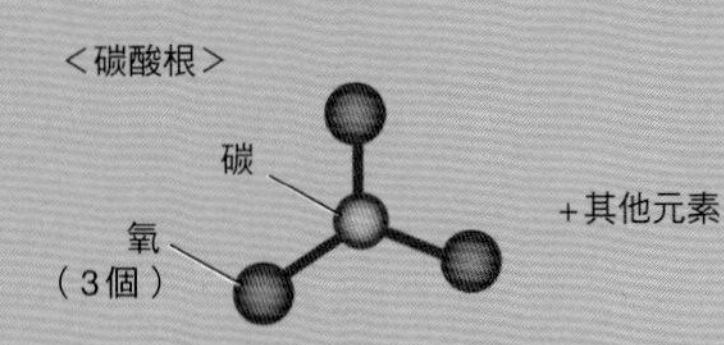

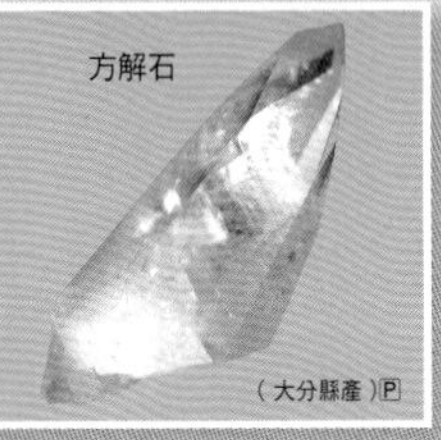

硼酸鹽礦物

以硼酸根為主成分的礦物

包含三角形頂點為氧（O）、四面體4個頂點皆為氧（O）的礦物。

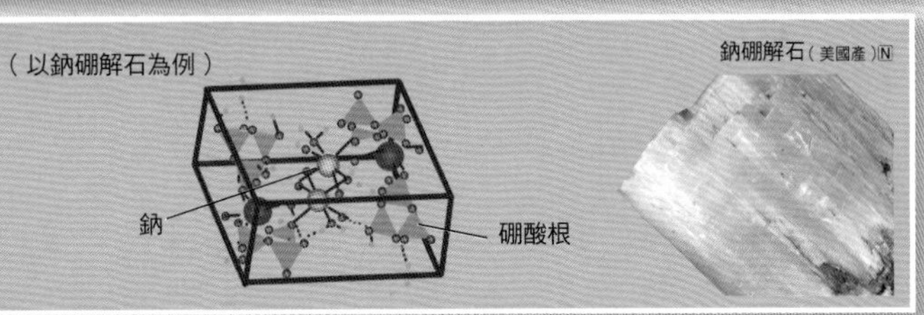

硫酸鹽礦物

以4個氧構成的「四面體配位」硫酸根為主成分的礦物

包含一些易溶於水的礦物，和水蒸氣即可溶解（潮解）的礦物。

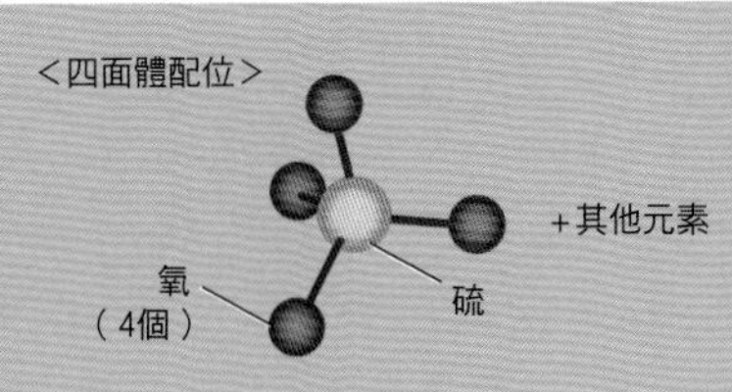

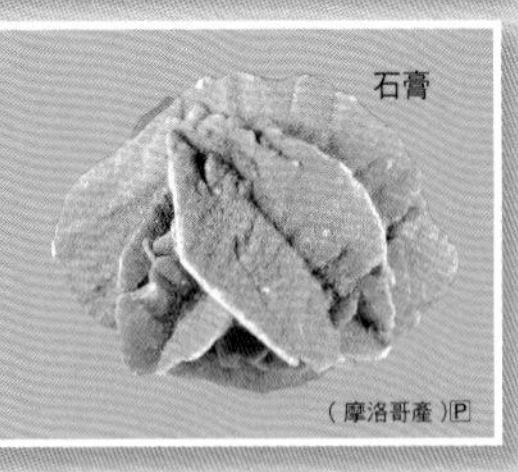

磷酸鹽礦物

以四面體配位的磷酸根為主成分的礦物

四面體配位中心的磷被砷取代的砷酸鹽礦物亦歸屬此類。

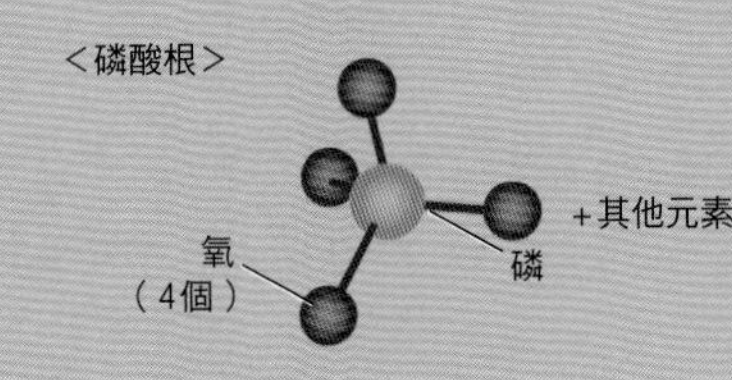

矽酸鹽礦物

以矽（Si）為中心的「矽酸根四面體」礦物

矽酸鹽礦物大多帶有玻璃光澤。

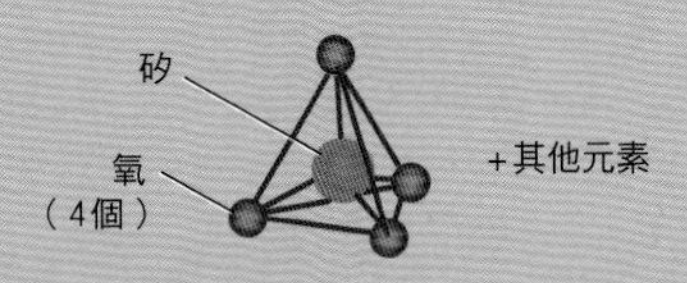

有機礦物

以碳等有機化合物為主成分的礦物

但不包含碳酸鹽、氰酸鹽等單純的無機化合物。

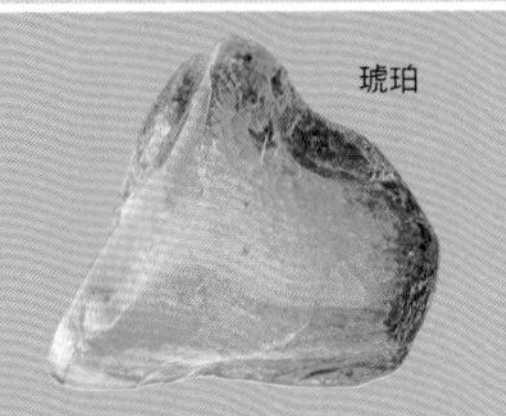

晶體會於成長過程發展出獨特的外形

礦物在寬廣的空間中會緩緩形成晶體，依結晶型態呈現出各自獨特的模樣。

晶體成長為本身應有外形者稱為「自形晶」（euhedron），受到空間限制而無法形成本身應有外形者稱為「他形晶」（anhedron）。此處雖然介紹了各種礦物的理想外形，但不見得每個晶面（crystal face）都會發展成相同的模樣，各面成長速度往往不一，導致每顆礦物的外形不同，稱作「晶癖」（crystal habit）。

同類礦物聚集在一起的情況，也可依其聚集的集合體（aggregate）來加以區別。除了葡萄石這種球狀集合體之外，還有箔狀、輻射狀、花瓣狀、樹枝狀、鐘乳石狀等型態。

常見晶體外形

晶體外形種類繁多，以下介紹幾個著名類型。

立方體（正六面體）

螢石
（中國產）P

正方形（6個面）構成的立體，代表礦物如黃鐵礦、螢石。

十二面體

黃鐵礦
（東京都產）P

由12個面構成的立體，每面為五邊形或菱形。代表礦物如黃鐵礦、石榴石。

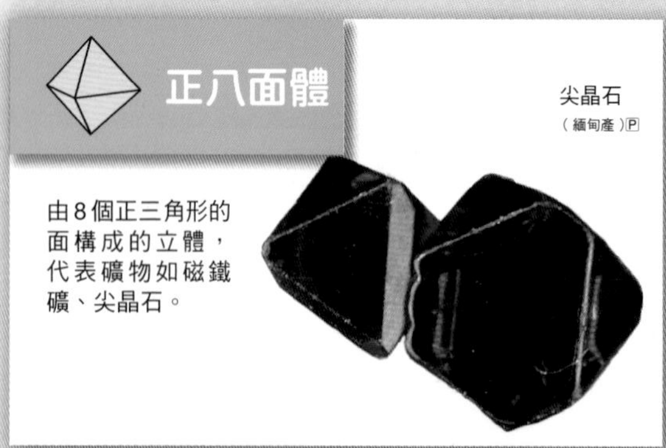

正八面體

尖晶石
（緬甸產）P

由8個正三角形的面構成的立體，代表礦物如磁鐵礦、尖晶石。

柱狀

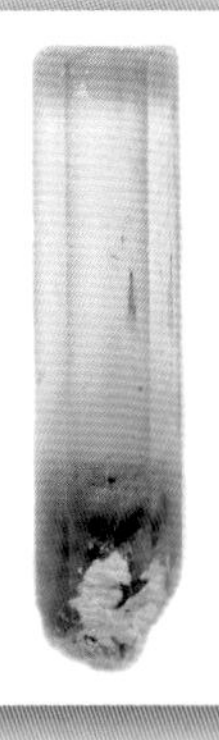

綠柱石
（巴基斯坦產）P

細長柱狀。柱體長度也是區分的標準。代表礦物如綠柱石、電氣石。

板狀

呈現四邊形或六邊形等寬廣平面的板狀。代表礦物如重晶石、石膏。

重晶石
（北海道產）P

菱面體

稍有厚度的六面體，寬面為菱形（平行四邊形）。代表礦物如菱錳礦、方解石。

菱錳礦
（茨城縣產）P

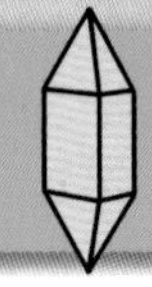

錐狀

兩端尖銳的柱狀體。代表礦物如銳鈦礦、鋯石。

銳鈦礦
（馬達加斯加產）P

葉片狀

宛如薄葉層層堆疊而成的造型。代表礦物如輝鉬礦、各種雲母。

黑雲母

針狀

細如針狀的柱狀體。代表礦物如鈉沸石、霰石。

霰石
（三重縣產）P

毛狀
（纖維狀）

細如毛狀的柱狀體。代表礦物如脆硫銻鉛礦、葉蛇紋石、硫銻鉛礦。

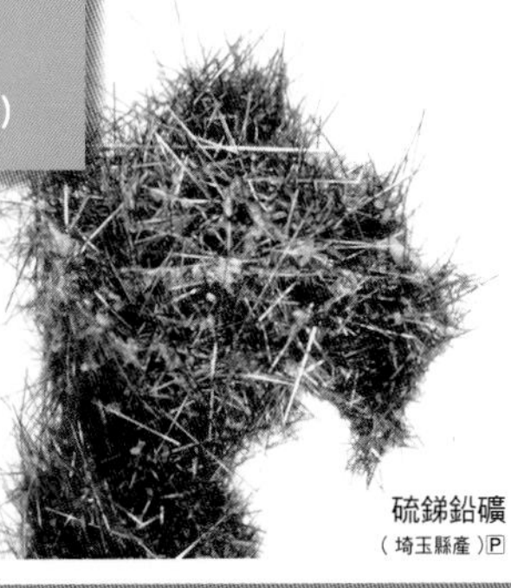

硫銻鉛礦
（埼玉縣產）P

晶群
（晶體集合體）

同種礦物聚集成團。代表礦物如球狀的葡萄石、箔狀的自然銀。

<球狀>

葡萄石
（澳洲產）P

<箔狀>

自然銀
（廣島縣產）P

礦物的硬度標準「摩氏硬度」

礦物堅硬（柔軟）的程度取決於原子排列的密度。單位體積中，原子排列得愈密集就愈硬，愈稀疏就愈軟。

常用的礦物硬度標準有「摩氏硬度」（Mohs hardness，或稱莫氏硬度）、「維氏硬度」（Vickers hardness）等。摩氏硬度由德國礦物學家摩斯（Friedrich Mohs，1773～1839）提出，以10種礦物為基準。維氏硬度是以正四角錐狀鑽石片按壓礦物，根據礦物凹陷程度（壓痕）來計算硬度。

礦物的裂開方式也分成幾種類型。由於礦物晶體是由相同的單位結構連接而成，故裂開時會以一定規則平整裂開，這種性質稱作「解理」（cleavage）。每種礦物的解理性質不盡相同，有僅朝單一方向解理（一組）的完全解理，也有朝三個（三組）、四個（四組）、六個（六組）方向解理的類型。

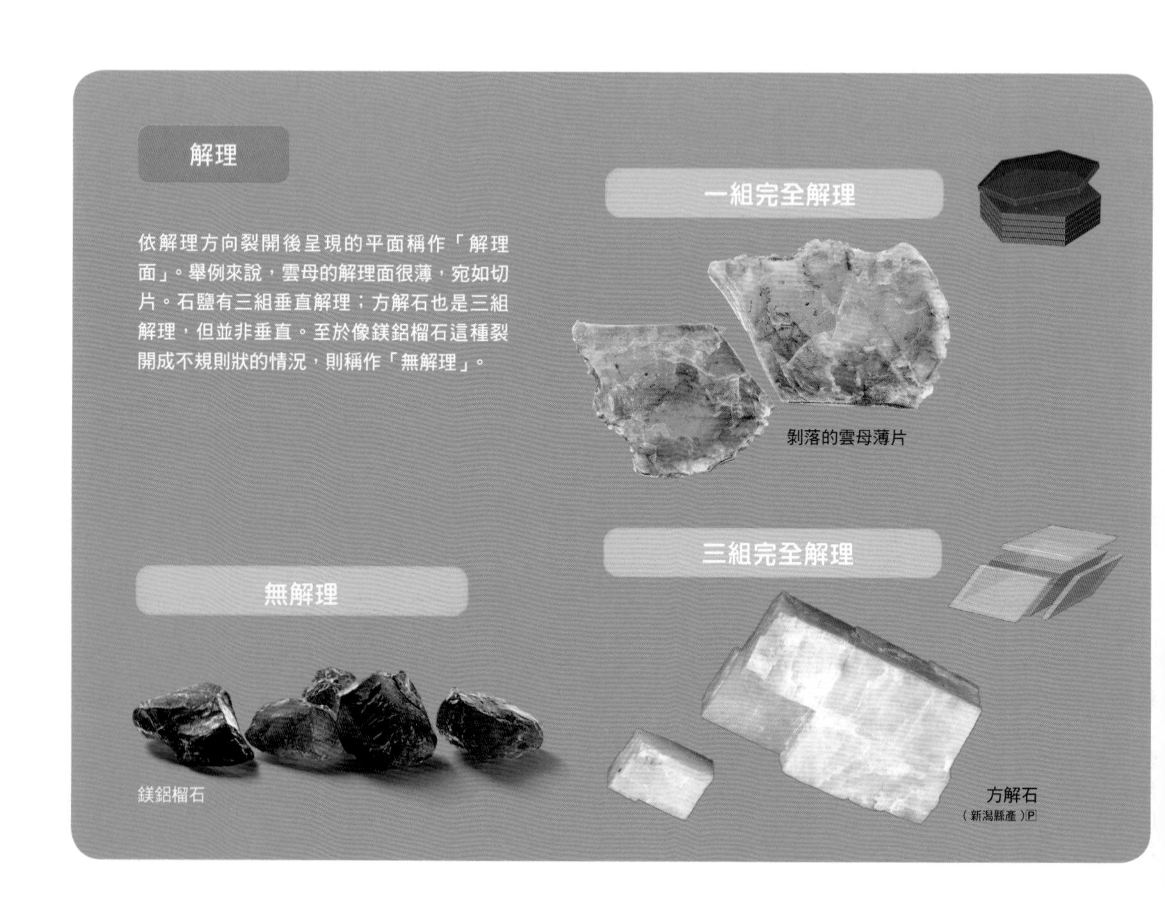

以特定礦物為基準的「摩氏硬度」

測定摩氏硬度時須使用兩種礦物，以一礦物刮另一礦物的平面，根據是否留下刮痕來判斷硬度。

基準礦物如右表所示，硬度 1 最軟、硬度10最硬。

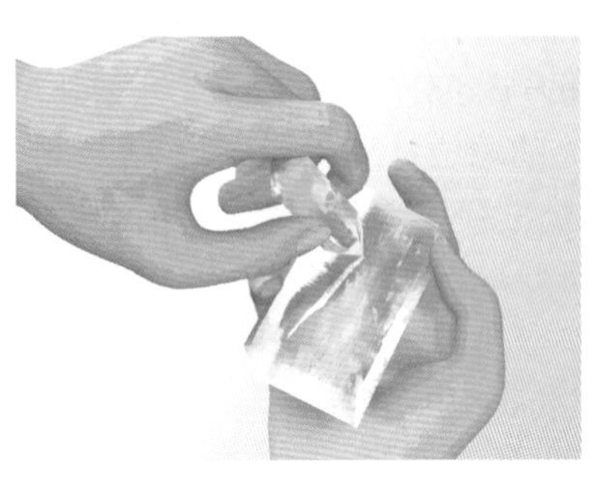

生活中的例子

軟

指甲＝硬度$2\frac{1}{2}$

10日圓硬幣＝硬度$3\frac{1}{2}$

玻璃杯＝硬度5

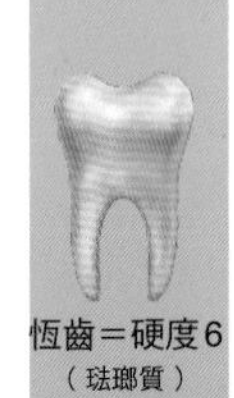

恆齒＝硬度6
（琺瑯質）

硬

硬度	礦物	產地
1	滑石	（茨城縣產）P
2	石膏	（摩洛哥產）P
3	方解石	（大分縣產）P
4	螢石	（大分縣產）P
5	磷灰石	
6	正長石	（大阪府產）P
7	石英	
8	黃玉	（阿富汗產）P
9	剛玉	（岩手縣產）P
10	鑽石	（南非產）P

主要用於工業的「維氏硬度」

維氏硬度源自於英國維克斯-阿姆斯壯（Vickers-Armstrong）公司打造的礦物硬度測試機。使用鑽石材質壓頭按壓測試物，並根據殘留的凹陷程度測量硬度。維氏硬度與摩氏硬度的測量結果並無矛盾。

條痕與比重也是判別礦物的依據

當礦物劃過條痕板（陶瓷材質的測試板），顏色鮮明者便會在板子上留下該礦物特有的顏色，這種性質稱作「條痕」（streak）。有些礦物光看外觀很難區別，但透過條痕即可輕易分辨。

有些礦物的粉末還可以做成顏料，例如中國產的辰砂可製成紅色顏料，古埃及人也會將藍銅礦（azurite）製成「埃及藍」顏料。至於日本畫常用的「岩繪具」，則是混合礦物粉末與膠液製成的顏料。

另外，比重也是判別礦物的依據之一。比重是以水的重量為基準，用於表示在相同體積下某一物體與水的密度比。每立方公分的水重 1 公克（1g／cm^3），兩相比較即可衡量孰輕孰重。嚴格來說，密度與比重是不同的東西，不過比重不需要單位（g／cm^3）而較常被使用。

比重

作為測量基準的「水」應為 4 ℃且不含空氣的純水。在相同的體積下，石英的重量是水的2.7倍、金是水的19.3倍。比重大代表該物質密度高，而密度高的礦物通常含有原子序較大的元素。

水

1cm^3

1

石英

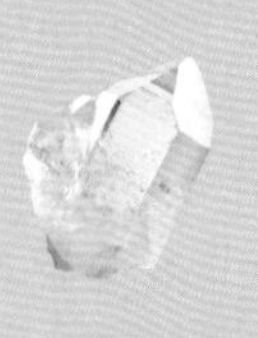

2.7

黃鐵礦

5

自然金

（澳洲產）Ⓟ

19.3

海泡石（sepiolite）的比重雖然是2.1，但其內部含有大量空氣而會浮在水上。有些寶石可以放入鹽水，觀察是否浮起以鑑別真偽，例如經常出現塑膠仿製品的琥珀即適用此方法。

礦物

孔雀石
（剛果產）P

粉末

條痕

條痕

用於製作顏料的礦物粉末，顆粒大小（粒徑）十分均勻。粒徑會影響顏色深淺，所以條痕較能判別礦物本來的顏色。若無測試專用的條痕板，亦可使用磁磚背面或陶瓷碗底代替。

顏料

顏料泛指不透明的有色粉末。溶於水者稱為「染料」。人們自古以來便會將顏色美麗的礦物粉碎，製成繪圖顏料、陶瓷器皿的釉（釉藥）等塗料。

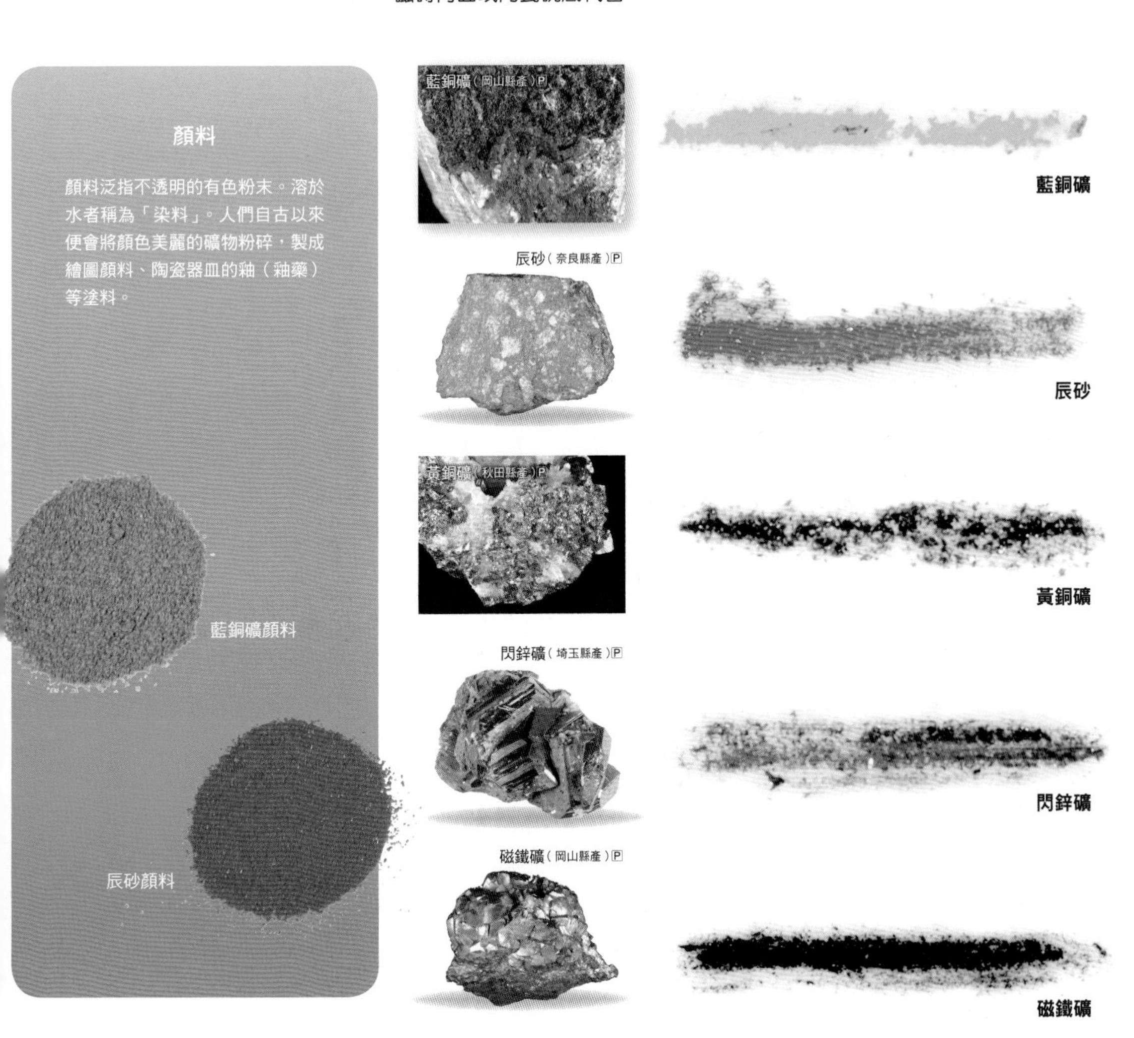

COLUMN

追尋宇宙礦物的「隕石獵人」

隕石是來自外太空的岩石，據說絕大多數源自火星與木星之間的「小行星帶」。較小的石塊會在大氣層燃燒化為「流星」，較大的石塊則可能會燒不盡而落在地表上。

落入地球的隕石有七成掉進海裡

根據推測，每天約有1公噸的隕石落到地球表面上。大多數飛來的石塊還沒落地就會在大氣層燃燒殆盡，運氣好沒燒完而落在地表上的隕石每年約有500顆，換算下來是每天1、2顆，而且有七成是落入海洋而非陸地。

有一群人會去蒐集這些落於地表的珍貴隕石，稱為「隕石獵人」。

隕石經常含有地球上沒有的礦物，有些顏色和形狀也很稀有、漂亮，因此市場價格高昂。雖然有一些隕石獵人是為了賺錢而尋找隕石，不過為了尋找來自宇宙的礦物而跑遍全球，也算是充滿浪漫情懷。

來自小行星帶的隕石

小行星帶是位於火星與木星軌道之間的區域，有無數的小天體在此公轉。一般認為是當中的天體出於某些原因脫離該區域，墜落至地球便形成了隕石。

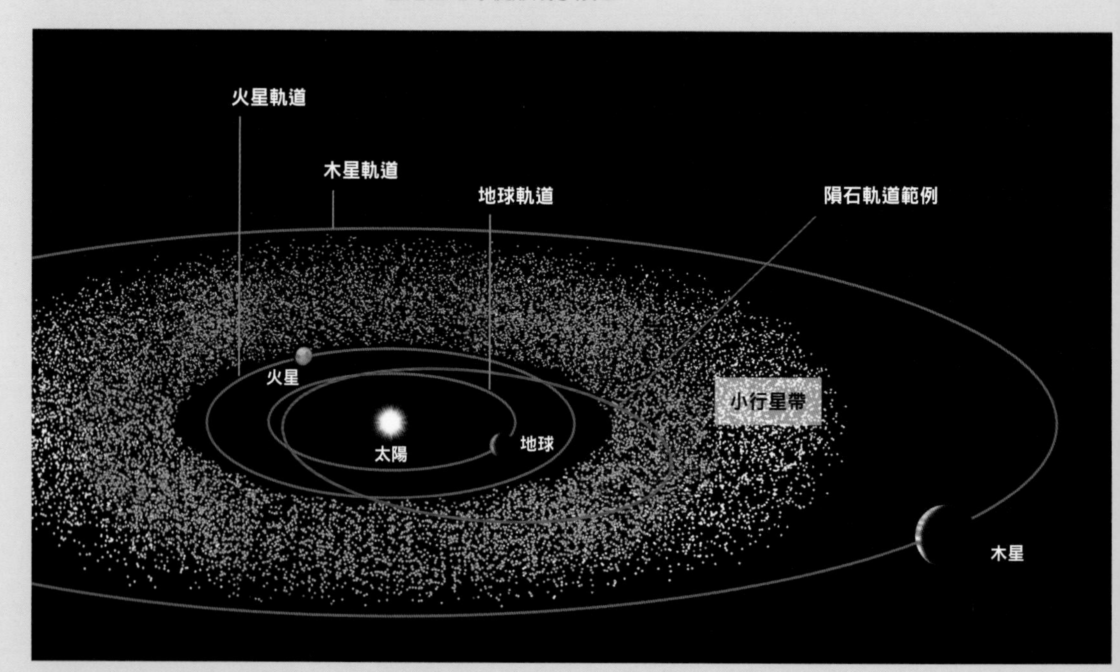

衝擊波

火流星

隕石

隕石坑

通過大氣層時為「流星」墜落地面則成「隕石」

小天體通過大氣層時，會以每秒10～20公里的高速墜落，此時未能燃燒乾淨而落到地面的就是隕石。在大氣層中裹住隕石的光球稱作火流星（fireball）。隕石落下的速度超過音速（約每秒340公尺），因此會產生「衝擊波」，造成爆炸強風與音爆，足以破壞建築物外牆與窗戶玻璃。隕石撞擊地表造成的坑洞稱作「隕石坑」。規模龐大的隕石還會形成特殊地形。

隕石

隕石可依成分概分為三大類：外觀、成分皆與地球岩石相似的「石質隕石」（aerolite）；以岩石與鐵塊構成的「石鐵隕石」（siderolite）；以鐵為主成分的「鐵質隕石」（siderite）。右方照片為鐵質隕石。

鐵質隕石
（西澳博物館）

圖為「結晶石灰岩」，是石灰岩受附近岩漿等熱作用產生接觸變質，其成分中的方解石遇熱再結晶（recrystallization）所形成的粗顆粒方解石集合體。原則上，石灰岩是由方解石、霰石等多種礦物組成，雜質較少的石灰岩變質後會呈現接近純白的顏色。石材名為「大理石」，廣泛應用於地板建材與裝飾品。

結晶石灰岩（茨城縣產）Ⓝ

2

礦物形成的歷史

History of Mineral Formation

地球是紮紮實實的「岩石行星」

礦物是由什麼東西構成的？

既然礦物是地球上的物質，那當然是以地球上的元素所構成。那麼地球本身又是由什麼物質構成的？本章會從地球的構造開始講解，逐一介紹礦物從何而來，又是如何形成。

太陽系有八顆行星，地球的體積雖然遠比木星和土星小，但密度卻位居所有太陽系行星之冠。地球的平均密度為每立方公尺5520公斤（5520kg/m^3），而木星雖然是體積僅次於太陽的巨大天體，密度卻只有地球的4分之1（平均1330kg/m^3）。

行星可依內部構造分成三大類，如下圖所示。類地行星（terrestrial planet）內部含有較多鐵等笨重的元素。水星也具有以鐵為主成分的核，占了半徑的70%，只是質量較小。而構成巨行星（giant planet）的物質幾乎都是氫、氦等較輕的元素。

行星依構造分為三種類型

擁有堅硬表面的水星、金星、地球、火星屬於「類地行星」；表面覆有大量氣體的木星與土星是「氣體巨行星」（gas giant）；被大量氣體包覆，但有一半以上成分為冰的天王星與海王星稱作「冰質巨行星」（ice giant）。

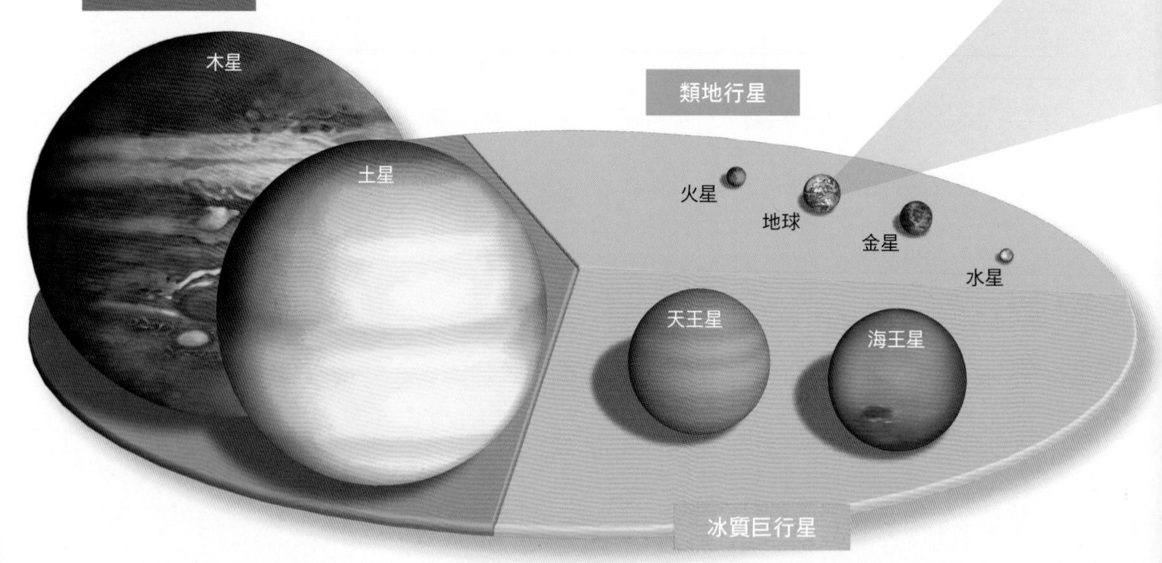

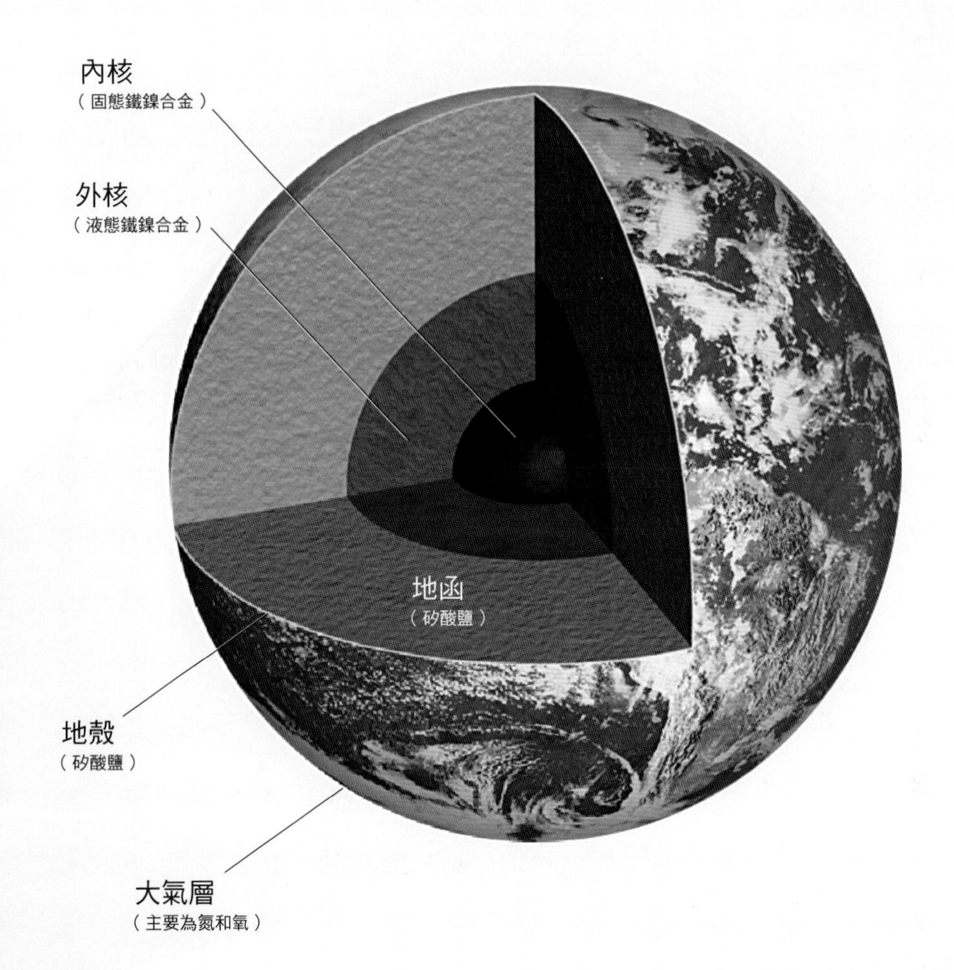

地球是密度大且重的行星

地球中心有一顆由鐵、鎳等金屬構成的地核，外側是高溫岩石構成的地函，更外側則包著一層薄薄的岩石地殼。地球是「類地行星」當中最重的行星，因此重力也很大，內部物質受到壓縮使其密度更大。

地球是由鐵、氧、矽等元素構成

地球的化學組成之中，鐵（Fe）和氧（O）各占了約三成，其餘如鎂（Mg）、矽（Si）的占比則如右頁表格所示。

地球表層的地殼以矽和氧居多，例如石英就是矽和氧構成的礦物。不過地球內部還有液態鐵構成的外核與內核，地核的直徑約占地球的2分之1，體積則約占地球整體的16.2%，所以地球上最多的金屬元素是鐵。

地球為何會是這樣的「鐵行星」？這關係到地球形成當初「與太陽的距離」（下圖）。行星距離太陽愈遠，質地會愈趨於冰或氣體；距離太陽愈近，質地則愈趨於金屬和岩石。而劃分兩種成分多寡的界線稱作「凍線」（frost line）。

太陽系之外也有與地球相同的礦物

行星與太陽的距離會影響其質地是如地球般的岩石行星，還是如木星、土星般的氣體行星，抑或是如天王星、海王星般的冰質行星。劃分行星型態的界線稱作「凍線」，約莫是距離太陽2.7au※的地方。一般認為冰塵無法存在於凍線以內，只能存在於凍線以外。塵埃即岩石、金屬、水冰等微小粒子。話雖如此，冰質行星也並非毫無岩石和金屬，理論上其核心部分亦有與地球成分類似的岩石與金屬。此外，太陽系以外也存在與地球成分相同的礦物。ESA（歐洲太空總署）的赫歇爾太空望遠鏡便觀測到距離地球約63光年之外的「繪架座β星」（Beta Pictoris）外環存在「橄欖石」（橄欖石介紹詳見第50頁）。

※au：天文單位（太陽至地球的距離。1au約等於1億5000萬公里）。

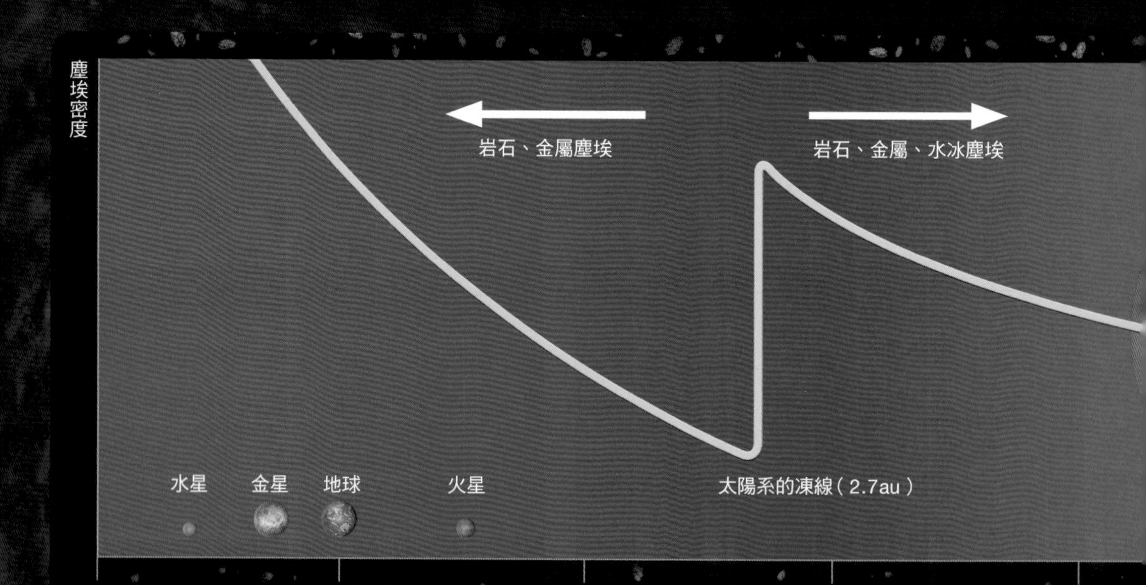

地球整體的化學組成

要調查地球完整的化學組成相當困難。右表是根據右下表「地函」、「外核」、「內核」、「大陸地殼」的模型，來推算地球主要元素、質量比所得出的估值。地函部分的鐵、鎳是液態，這兩種都是容易導電的金屬，因此兩者的對流活動會讓地球像一個巨大磁鐵般擁有磁力。

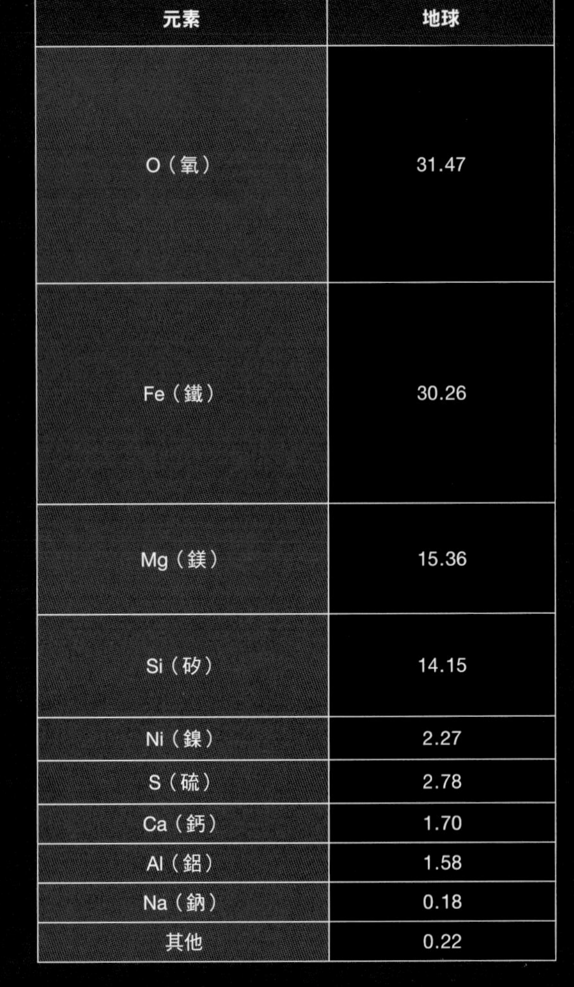

元素	地球
O（氧）	31.47
Fe（鐵）	30.26
Mg（鎂）	15.36
Si（矽）	14.15
Ni（鎳）	2.27
S（硫）	2.78
Ca（鈣）	1.70
Al（鋁）	1.58
Na（鈉）	0.18
其他	0.22

元素	大陸地殼	地函	外核	內核
O（氧）	46.8	44.23	5.34	0.11
Fe（鐵）	3.5	6.26	79.15	84.43
Mg（鎂）	1.3	22.80	—	—
Si（矽）	30.8	21.00	—	—
Ni（鎳）	—	0.2	6.49	6.92
S（硫）	3.0	0.03	8.84	8.02
Ca（鈣）	—	2.53	—	—
Al（鋁）	8.0	2.35	—	—
Na（鈉）	2.9	0.27	—	—
其他	3.7	0.33	0.58	0.52

出處：根據《地球的物理學事典》（朝倉書店）第28頁表2.2製成

木星

與太陽的距離

原始的地球表面覆有一層厚厚的岩漿

大約46億年前，太陽系從銀河系之中誕生。星際氣體由於自身的重力開始集結※，於中心形成太陽。太陽周圍出現廣袤的氣體圓盤，圓盤上有許多岩石與冰的「塵埃」，這些塵埃聚集便形成了直徑數公里的「微行星」(planetesimal)。

上百、上千億個微行星相互撞擊、結合，形成「原行星」(protoplanet)。原行星開始吸收周圍剩下的微行星，逐漸變成更大的行星，而地球就是此時誕生的行星之一。

一般認為當時有許多微行星受到地球重力吸引，以猛烈的勢頭接二連三地撞向地球並因此熔化，最終成為地表岩漿海的一部分。這些無數次的撞擊逐漸擴大了地球的體積。

※學者對於引發該現象的原因至今仍眾說紛紜。

為岩漿海所覆的地球

地球的重力隨著體積增加而增強，吸引更多微行星撞擊，且愈來愈猛烈。地球表面覆有一層由熔融岩石形成的「岩漿海」。此時的地球外部溫度甚至比內部還要高。

岩漿海的熱進一步熔化深處的岩石，形成地球的內部結構。較重的鐵往中心聚集，形成「地核」；較輕的岩石往外圍移動，形成「地函」。當地球出現分明的地核和地函之後，就變成地核溫度最高、地函溫度較低的狀態。

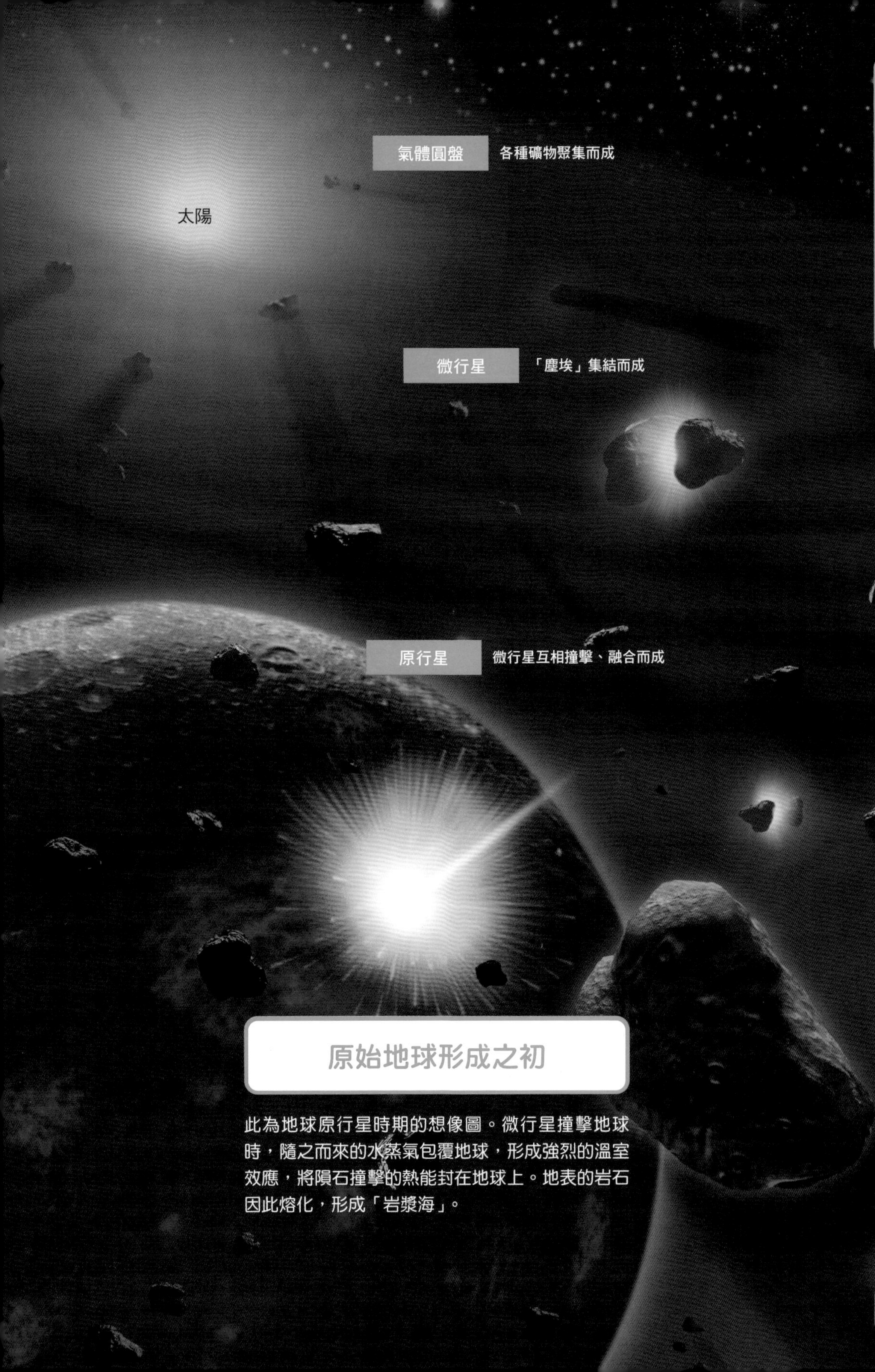

氣體圓盤 各種礦物聚集而成

太陽

微行星 「塵埃」集結而成

原行星 微行星互相撞擊、融合而成

原始地球形成之初

此為地球原行星時期的想像圖。微行星撞擊地球時，隨之而來的水蒸氣包覆地球，形成強烈的溫室效應，將隕石撞擊的熱能封在地球上。地表的岩石因此熔化，形成「岩漿海」。

岩漿海冷卻凝固形成岩石「陸地」

微行星衝擊狀況減緩，水蒸氣構成的原始大氣冷卻之後，岩漿海也慢慢冷卻，凝結成原始地殼。

地球進一步冷卻之後，水蒸氣凝結成雨降至地表。一般認為這時的雨水含有大氣中的氯化氫、二氧化硫等氣體，具有強酸性。

強酸性的雨水溶解「原始地殼」，地殼內含的元素溶於雨水，形成原始的海洋。

另一方面在地球內部，鐵往中心下沉形成「地核」（core），比鐵輕的成分在地核表面形成「地函」（mantle）。地函受到地核加溫而開始往地表浮升，岩漿從冷卻凝固的地殼

44億～40億年前　大陸出現

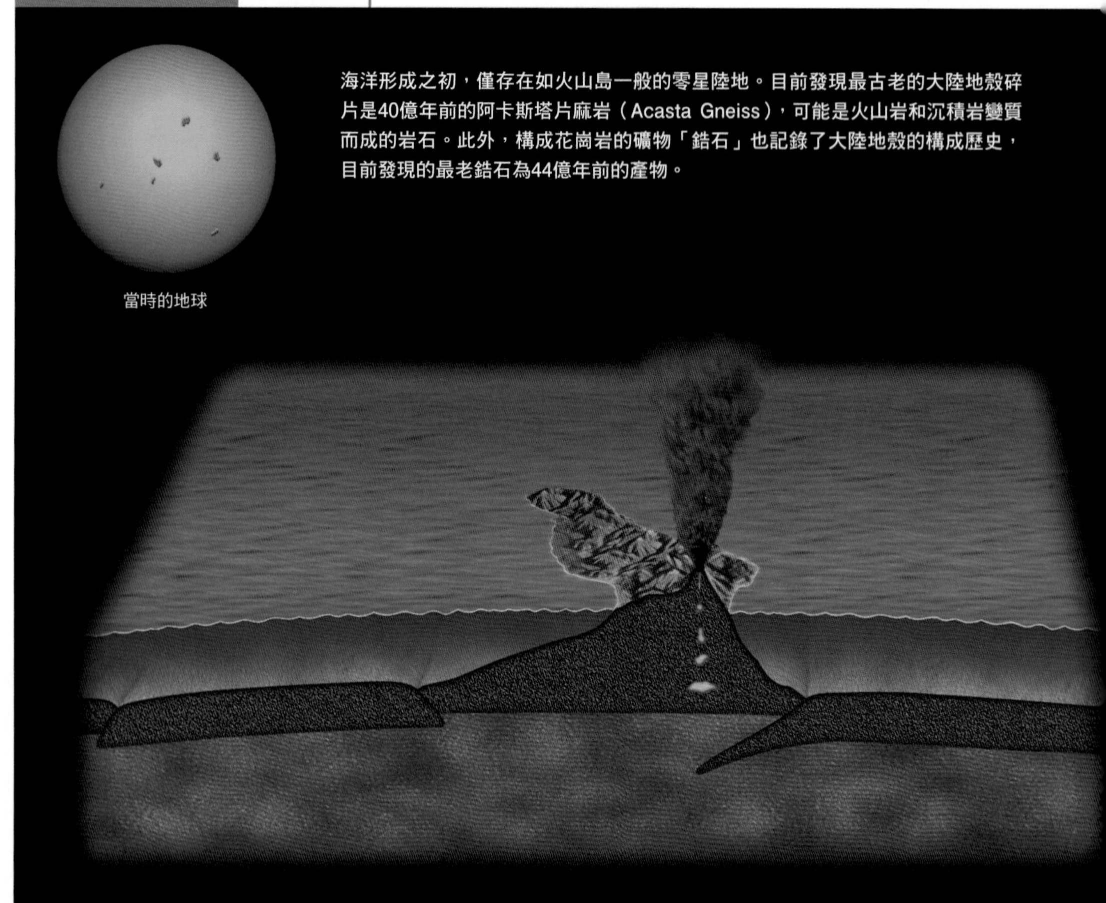

海洋形成之初，僅存在如火山島一般的零星陸地。目前發現最古老的大陸地殼碎片是40億年前的阿卡斯塔片麻岩（Acasta Gneiss），可能是火山岩和沉積岩變質而成的岩石。此外，構成花崗岩的礦物「鋯石」也記錄了大陸地殼的構成歷史，目前發現的最老鋯石為44億年前的產物。

當時的地球

縫隙噴出，引發火山活動。

海底噴發的岩漿冷卻後形成的岩盤稱作「地殼」（crust）。構成地殼的岩石就是岩漿中的成分凝固而成，因此含有各式各樣的礦物。地殼與上部地函的堅硬部分合稱為「板塊」（plate）。

地殼元素溶於雨水，形成「海洋」

其中一個假說認為，這場大雨不僅造就了原始地殼，也形成了海洋。後來，成分不同於原始地殼的「大陸地殼」誕生，大陸地殼又被雨水（河水）分解，當中所含的多種元素陸續流入大海、溶於其中，形成了成分與現今相同的海洋。

27億年前　大陸急速成長

如今世界各地依然殘留約27億年前噴發的岩漿所形成的陸地，各地面積不一，亦有大陸規模的廣闊地區。另一方面，目前幾乎找不到比這個時代還要古老的岩石※。諸如泰勒（Stuart Taylor，1925～2021）等許多著眼於這點的地科學者，於1990年代提倡「大陸是在27億年前急速成長」的學說。

※格陵蘭等少數地區雖有發現，但面積非常小。

陸續誕生的板塊 孕育出新的礦物

板塊包含地殼與地函最上部。地函可以分成堅硬的「岩石圈」(lithosphere)與柔軟的「軟流圈」(asthenosphere)，板塊會隨著軟流圈的活動而移動，因此板塊邊界會出現碰撞、擦撞等現象，此即「板塊構造學說」(plate tectonics)。

板塊相互遠離時形成的縫隙稱作「洋脊」(oceanic ridge)，若出現於陸地則稱作「裂谷」(rift valley)。當滾燙的岩漿從這些縫隙竄出，形成新的板塊時，板塊規模就會擴大。

板塊在遠離洋脊的過程中，溫度會逐漸降低、厚度則逐漸增加，同時密度也會隨著厚度增加而變重、下沉。板塊沉入較輕大陸板塊底下的地方稱作「隱沒帶」(subduction zone)。

隱沒時的壓力與附近上湧岩漿帶來的熱都會導致岩石產生變化，進而形成各式各樣的礦物。

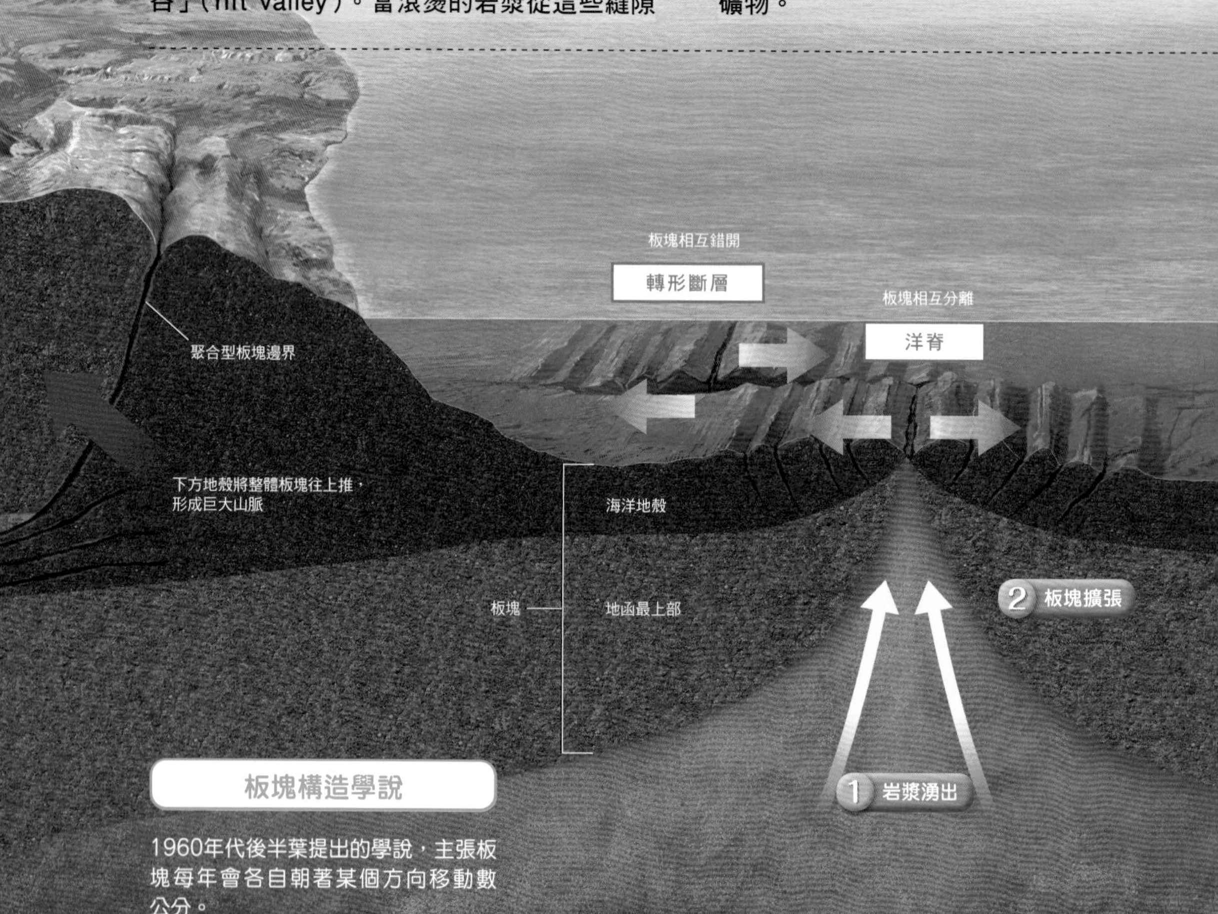

板塊構造學說

1960年代後半葉提出的學說，主張板塊每年會各自朝著某個方向移動數公分。

板塊

右圖為地表上的板塊。板塊在海洋部分厚約30～90公里，在大陸部分厚約100公里。紅線代表板塊邊界，箭頭代表板塊的移動方向，粉色部分則是板塊的「隱沒帶」。

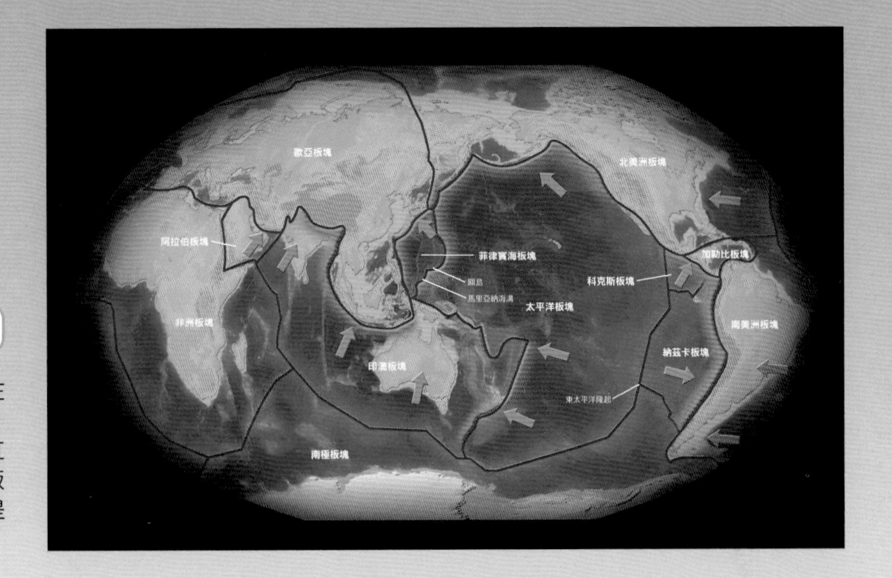

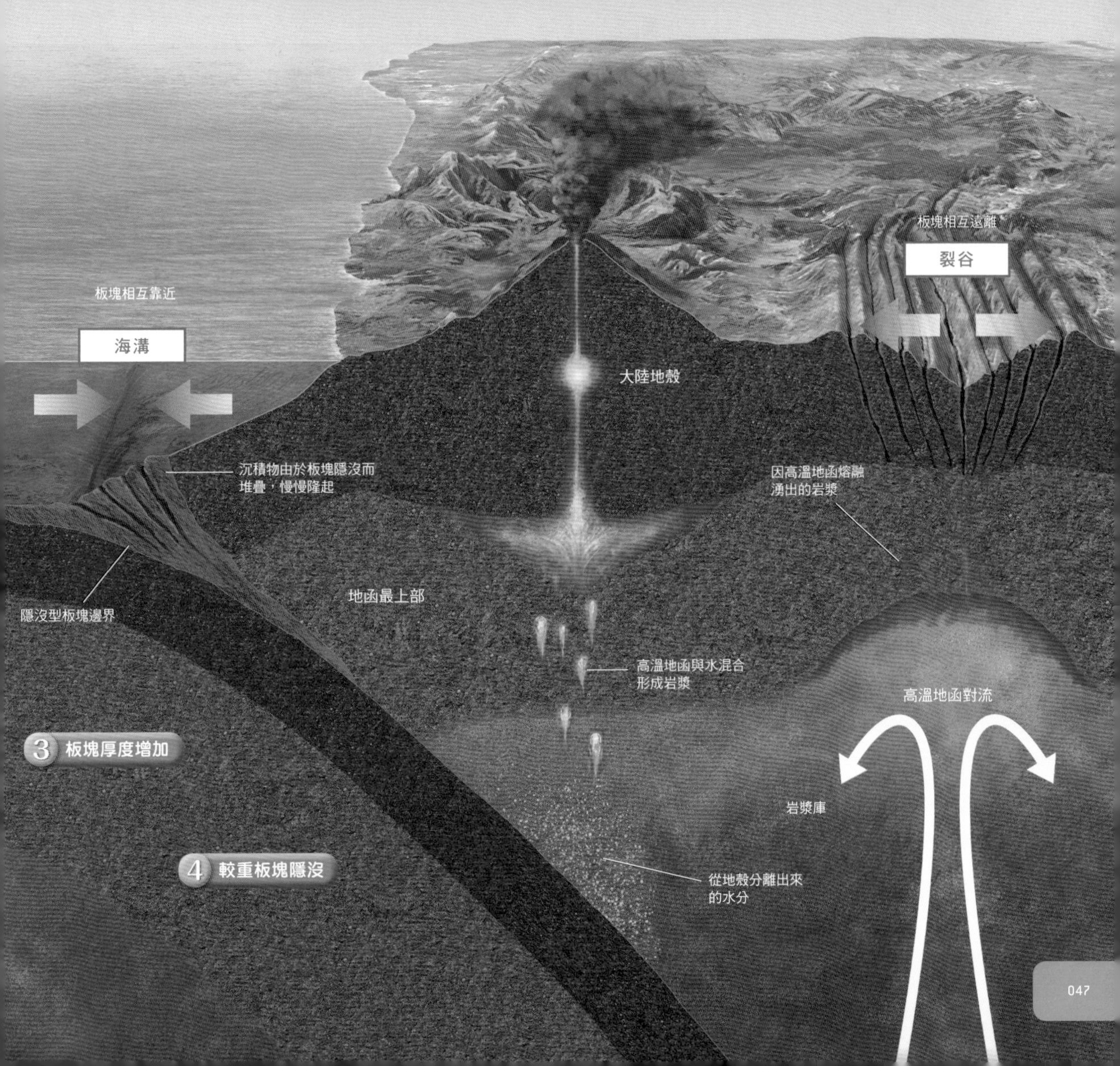

構成海洋地殼的「玄武岩」與構成大陸地殼的「花崗岩」

地殼分成大陸地殼與海洋地殼，分別由不同的岩石構成。

形成陸地的大陸地殼主要由「花崗岩」（granite）※構成。大陸地殼富含矽（Si），缺乏鐵、鎂。另一方面，海洋地殼則是以「玄武岩」（basalt）為主，矽的比例較低。

矽的含量會影響地殼的重量。矽跟其他地球成分相比較輕，因此矽含量愈多的地殼愈輕，而較輕的地殼容易「浮上」表層。

關於大陸地殼是如何形成，最有力的學說是「海水造成的」。

一個板塊沉入另一個板塊的地方稱作「隱沒帶」。長時間位於海底而飽含水分的海洋地殼，在隱沒地底的過程中會釋出水（H_2O），這些水促使地函熔融形成「含水的岩漿」。一般認為這些含水的岩漿形成了富含二氧化矽（SiO_2）的大陸地殼。

※大陸地殼的上半部為花崗岩，下半部為輝長岩（gabbro）等。因此，大陸地殼的平均化學成分通常被視為安山岩（andesite）。

最早的大陸地殼是如何形成？

假如大陸地殼成形於大陸邊緣的「隱沒帶」，那麼在大陸還沒出現的時候，「第一塊大陸」是怎麼來的？以下介紹其中一種假說。

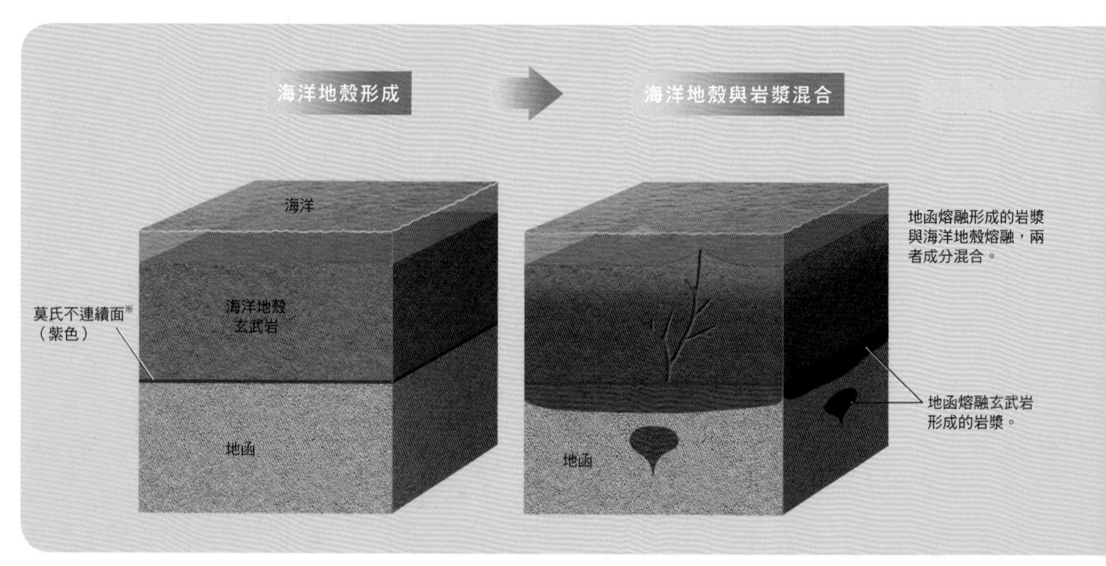

※地殼與地函的交界。

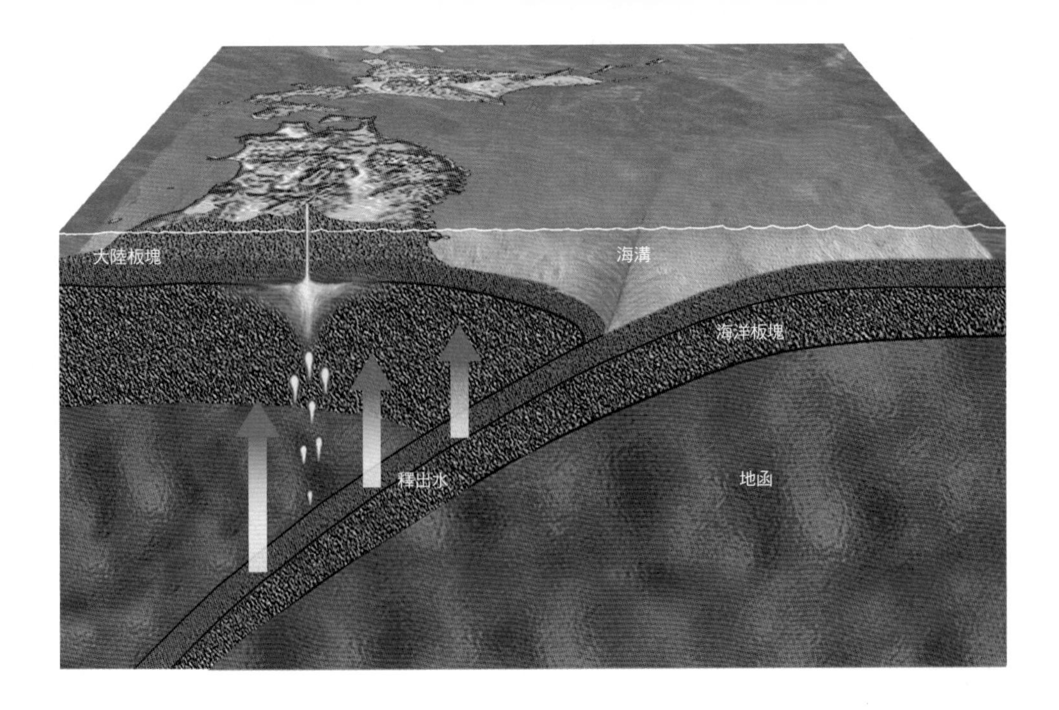

含水的岩漿形成大陸地殼

「大陸地殼」的平均厚度為40公里，而海洋地殼的平均厚度只有6公里，是大陸地殼的7分之1。矽會以二氧化矽的形式存在於地殼當中。相較於大陸地殼的二氧化矽含量比例平均超過60%，海洋地殼的二氧化矽含量比例平均為50%。

大陸地殼的主要岩石

花崗岩（岡山縣產）N

海洋地殼的主要岩石

玄武岩（東京都產）P

分成較重與較輕的成分

地殼反覆熔融，成分依照輕重分層，較重的成分沉入莫氏不連續面之下。

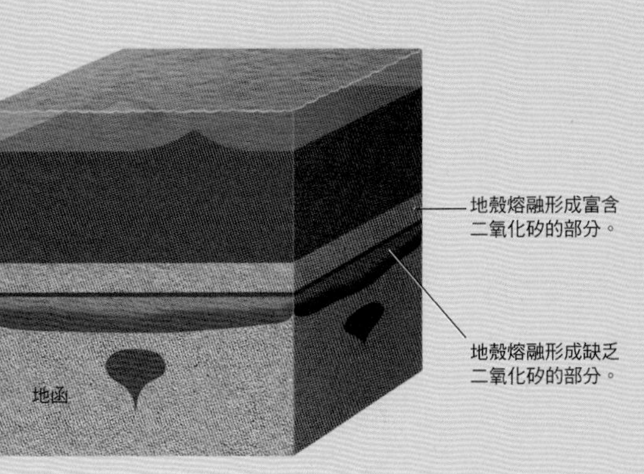

較輕成分形成大陸地殼

較輕的成分上升，形成大陸地殼。

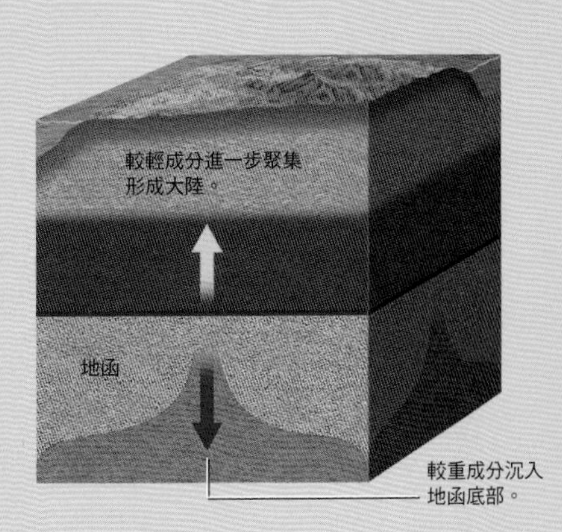

構成地函的「橄欖岩」

地殼是由花崗岩和玄武岩構成，但從整個地球體積來看，「橄欖岩」（peridotite）才是占比最高的岩石。玄武岩的比例僅1.6%，花崗岩甚至不及1%，相較之下橄欖岩就占了超過80%。順帶一提，金屬占了約15%。

橄欖岩絕大部分的成分是「橄欖石」（olivine）。橄欖石是一種顏色偏綠的美麗礦物，其中透明度特別高者又名為「貴橄欖石」（peridot），廣受人們喜愛。儘管橄欖石數量龐大，日常生活中卻不容易看見，這是因為大多數橄欖石都在地函。

地球內部構造包含中心的「內核」（inner core），在其外側的「外核」（outer core）、「地函」。地函又分成上部與下部，而橄欖岩多位於「上部地函」（upper mantle）。

雖然橄欖岩多位於地底深處，但偶爾也會現蹤地表※。不過，許多露出地表的橄欖岩會與水反應而變質，形成另一種稱作「蛇紋岩」（serpentinite）的岩石。

※橄欖岩出現於地表的原因至今尚未查明，但一般認為是隨著急速噴發的岩漿來到地表。

含量最多但平常看不見

外核性質類似液態，地函則是由岩石組成。一般認為橄欖岩多存在於上部地函。並非透過實際挖掘來確認地函的內部成分，而是透過地震波傳遞方式的差異與合成實驗來推估。

貴橄欖石

橄欖石（義大利產）N

橄欖岩（北海道產）P

橄欖石的英文「olivine」取自西方的油橄欖，屬於木犀科植物。而我們常見的橄欖則是橄欖科植物，品種並不一樣。

地表較常發現變質的「蛇紋岩」

蛇紋岩（露頭）（北海道產）P

蛇紋岩的外觀正如其名，斑紋似蛇，整體的顏色比橄欖岩暗沉。橄欖石的成分為氧、矽、鐵、鎂，遇水反應使鐵氧化便形成「磁鐵礦」與「蛇紋石」（serpentine）。蛇紋石質地脆弱，磁鐵礦則具有強磁性。

SECTION 21

Occurrence

產狀

礦物是在這些地方形成

礦物是由熔融體（岩漿）、液體（熱液與海水）和氣體（火山氣體）等化學成分凝固而成，幾乎都是在地球內部生成。只有出現在地表的礦物，我們才有機會看見。

插圖所示為礦物的各種產狀（occurrence）。所謂的產狀，是指礦物分布地區的狀況（產出狀態），例如該處是否存在礦脈、礦物形成的大小及狀態等。

礦物的形成作用大致上分成四種：由岩漿凝固形成的「火成作用」（pyrogenesis）、熱液或高溫高壓造成礦物性質改變的「變質作用」（metamorphism）、不溶於海水的成分沉澱形成的「沉積作用」（deposition）、風吹雨打造成礦物氧化的「氧化作用」（oxidation）。下一節將會詳細介紹各種作用形成的礦物，與含有那些礦物的岩石。

火成岩凝固時產生的「節理」

火成岩冷卻凝固時會產生有規則的裂痕，稱作「節理」（joint）。柱狀體縱向並排而成的模樣稱作「柱狀節理」，橫向堆疊而成的模樣稱作「板狀節理」。兩種節理同時存在的情況也很常見（右方照片）。

柱狀節理（玄武岩）（新潟縣）P

板狀節理（安山岩）（靜岡縣）P

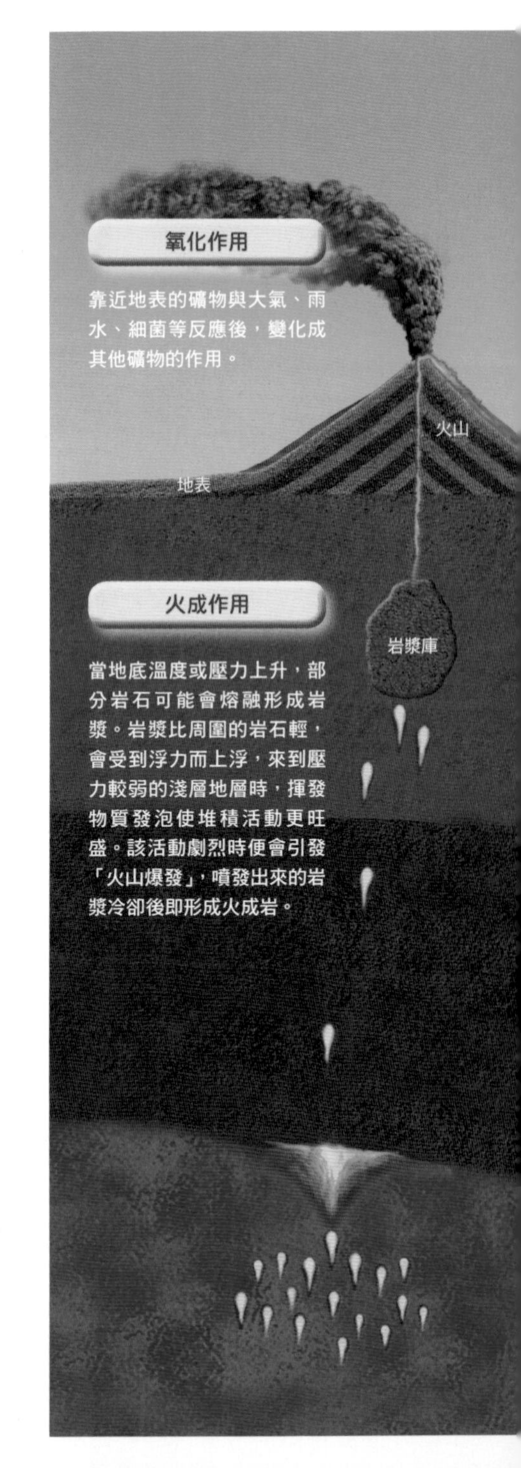

礦物在不同地方的形成作用

除了圖中列舉的幾種情況，有些形成山岳的岩石崩落、風化後被河水帶走，也會形成沉積岩。此外，珊瑚等動物於海中繁殖，留下的骨骼也會堆積形成礦物。

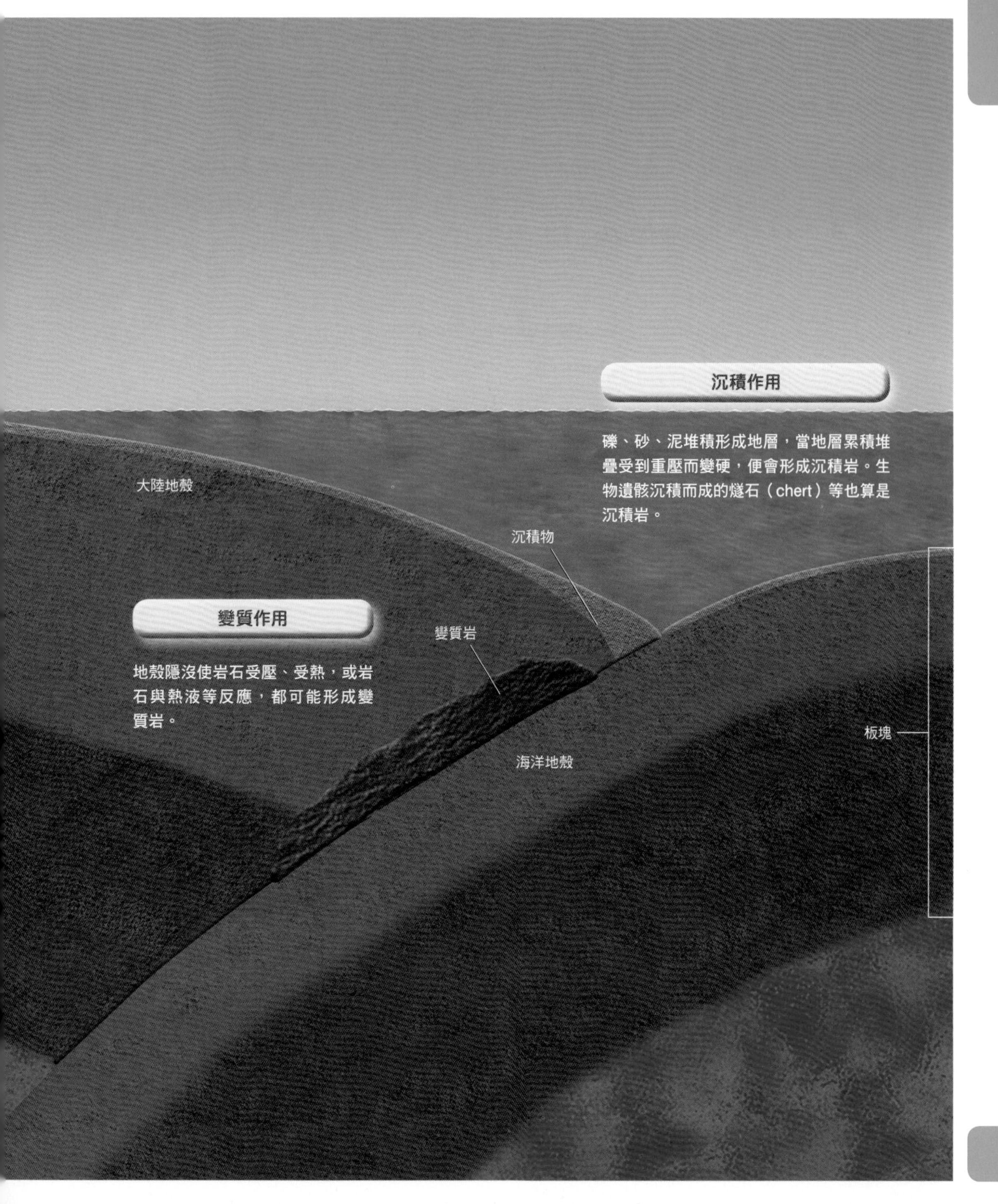

岩石不斷改變型態 於地球表層循環不息

火成作用形成的火成岩，可以再分成岩漿來到地表附近時迅速冷卻凝固的「火山岩」（volcanic rock），和於地底深處緩緩凝固的「深成岩」（plutonic rock）。深成岩在凝固的最後階段，某些未完全凝固的部分集結而形成的結晶稱作「偉晶岩」（pegmatite，第77頁）。偉晶岩可能出現一般礦物中較為罕見、由稀有金屬元素所組成的礦物。

火山岩於急速冷卻過程中產生的細小晶體，常與原先已經形成的晶體混雜在一起，形成斑狀組織（porphyritic texture）。

當礦物與海底或地底的熱液反應，成分中的某些元素可能會被其他元素取代，這是一種「變質作用」。其中又以石灰岩與岩漿接觸時，在兩者接觸部分變質所形成的礦物群，特別稱作「矽卡岩」（skarn）※。

「沉積作用」的來源很多，例如河川攜帶的土砂、火山噴發物質、珊瑚等生物遺骸都會形成沉積岩。

經過風吹雨打的「氧化作用」形成的礦物，稱作「次生礦物」（secondary mineral）。

※skarn原本是瑞典礦工常說的礦山用語。

火成岩

安山岩
（群馬縣產）N

板塊隱沒帶的岩漿冷卻後會形成安山岩。日本的火山多為安山岩。

浮石
（小笠原近海海底火山）P

浮石（pumice）的空隙是岩漿從地底竄升之際，火山氣體的氣泡混入所致。

黑曜岩
（島根縣產）P

黑曜岩（obsidian）是岩漿急速冷卻時形成的玻璃質產物（一般稱黑曜石）。

變質岩

板塊隱沒後在高壓高溫下變質而成的岩石稱作「區域變質岩」。然而，有時岩漿也會湧至地層淺層，導致周邊岩石受熱形成「接觸變質岩」。代表性的岩石有「角頁岩」（hornfels）等。

角閃岩
（愛媛縣產）N

角閃岩（amphibolite）是地底的玄武岩受高壓與高溫作用變質而成。

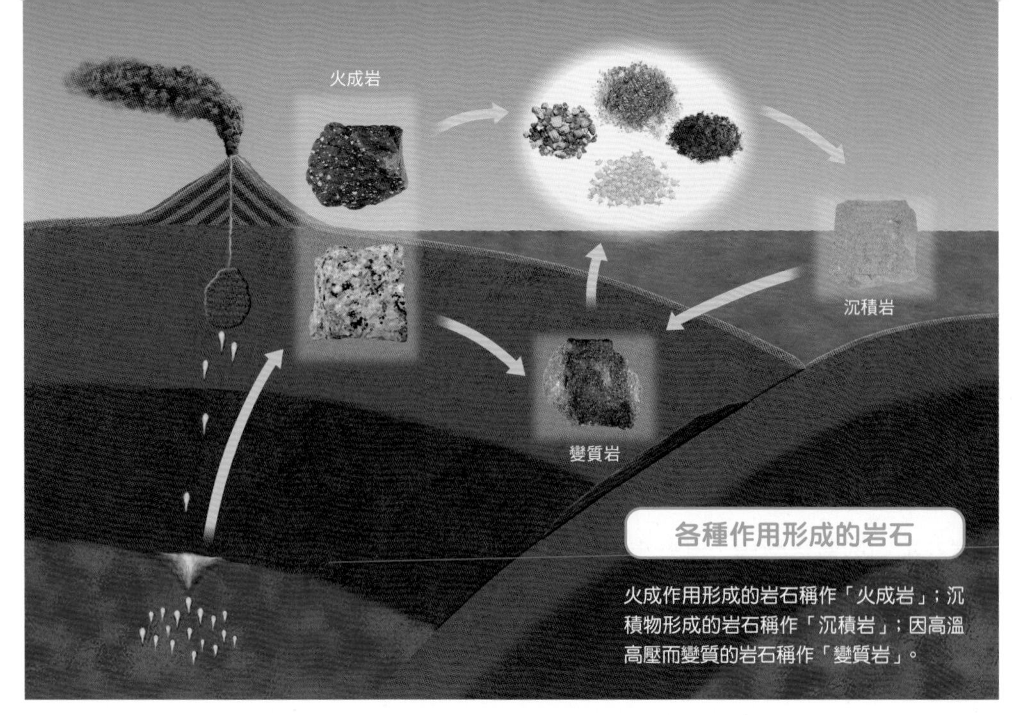

各種作用形成的岩石

火成作用形成的岩石稱作「火成岩」；沉積物形成的岩石稱作「沉積岩」；因高溫高壓而變質的岩石稱作「變質岩」。

專欄 COLUMN 礫、砂、泥的粒徑標準

礫、砂、泥是根據粒徑大小來區別，而每一種顆粒其實都混雜了不同種類的岩石。至於「黏土」既指粒徑非常細緻的泥土，也指燒製陶瓷器所用的原料。因為含有特定礦物，燒製的物品都會呈現黏土產地的特色。

沉積岩

地表岩石崩裂、削蝕的過程稱作「風化」。岩石風化後會形成細小的砂礫，被河水或風帶往其他地方堆積。海中生物的遺骸等也會沉積在海底，在重壓下固化。

砂岩（千葉縣產）Ⓝ

氧化作用生成的次生礦物

硫化礦物特別容易氧化，露頭※及其內部常見大量次生礦物的部分稱作「氧化帶」（oxidized zone）。例如下圖的赤銅礦，就經常出現在含有黃銅礦、方鉛礦、閃鋅礦、黃鐵礦等的礦脈上。

※岩石露出地表的部分。

赤銅礦（栃木縣產）Ⓝ

從岩漿中蹦出來的礦物？鑽石形成的過程

鑽石的成分是碳，而石墨的成分也是碳，但是石墨的質地卻相當柔軟。兩者的軟硬差異在於結晶構造的不同（第126頁），鑽石的結晶構造是在地球內部高溫高壓的環境下形成。

一般認為，鑽石誕生於地底150～250公里深的上部地函。從高壓合成※1人工鑽石的製程，即可知曉鑽石的誕生與成長少不了「高溫液體」的作用。但即使複製地底150公里深的環境 — 5萬大氣壓力、1300℃，碳（假設使用石墨）也不會變成鑽石。這個過程還需要其他催化劑協助，例如仰賴液態鐵鎳合金將碳熔化。同理，地函內部的高溫岩漿也含有碳的單質，應是在岩漿冷卻過程中慢慢聚集，才逐漸成長為鑽石※2。

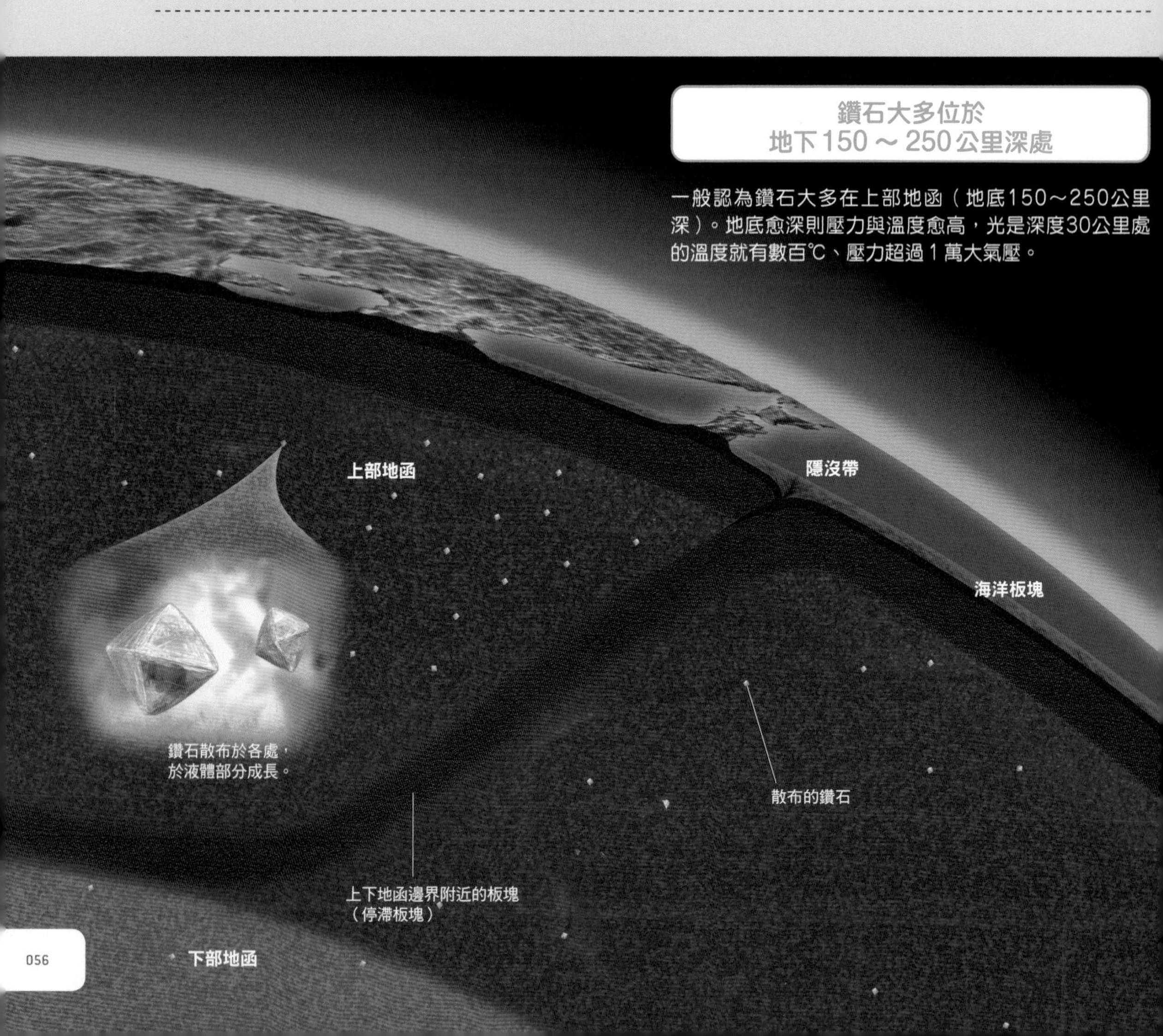

鑽石大多位於地下150～250公里深處

一般認為鑽石大多在上部地函（地底150～250公里深）。地底愈深則壓力與溫度愈高，光是深度30公里處的溫度就有數百℃、壓力超過1萬大氣壓。

比音速還要快？
急速竄升地表而形成鑽石

在地底深處誕生的鑽石會隨著「金伯利岩」（kimberlite）的岩漿來到地表。一般認為這種岩漿存在於地底200公里以下的深處，噴發時會以超音速竄升。金伯利岩是一種僅於少數地區發現的火山岩，許多鑽石礦山的地質都是這種火山岩，而金伯利這個名稱源自於最早發現的礦山。

一旦岩漿上升速度太慢，碳原子之間的連結就會減弱，形成石墨而非鑽石。岩漿急速竄升意味著急速冷卻，唯有在這種情況下，原子才會像被瞬間冷凍一樣保持原本的排列方式。

※1：人工鑽石的合成方法不只一種，例如高溫高壓法（HPHT）、化學氣相沉積法（Chemical Vapor Deposition，CVD）等。
※2：天然鑽石的形成過程還有許多尚未解明之處。

金伯利岩火山

19世紀，南非金伯利（Kimberley）發現了世界首座鑽石礦山，這座礦山的地質是約1億2000萬～8000萬年前噴發，且含有大量鑽石的「金伯利岩」。金伯利岩的岩漿到地表時噴發劇烈，甚至曾經形成一座火山。不過，並非所有金伯利岩都有鑽石。

金伯利岩與周圍地質不同，特別容易受到侵蝕，形成湖泊。

在熔融狀態下成長

假如鑽石包裹在岩石中成長，晶體應會順著岩石的裂縫發展。然而，大多數鑽石都呈現同樣的晶體外形，由此可推測鑽石是在液體中自由發展成形。

鉻鉛礦
（澳洲產）Ⓟ

鉻鉛礦（Crocoite）

DATA	
分類	鉻酸鹽礦物
晶體外形	柱狀
顏色／條痕	橘紅／黃～橘
硬度	$2\frac{1}{2}$～3
解理	明顯
比重	6.0
晶系	單斜晶系
化學成分	$PbCrO_4$

鉻鉛礦屬於次生礦物，誕生於鉻與鉛礦床的氧化帶。呈鮮豔橘紅色，擁有菱形斷面與錐面造型的晶體。名稱源自希臘語的「crocus」，意思是番紅花。

3

多采多姿的礦物晶體

Various Crystalline Minerals

礦物外形取決於原子的排列方式

礦物是由一群原子依照特定規律排列而成，可根據「單位晶格」(unit cell)分成幾種不同的類型。這些類別稱作晶系(第16頁)。

下圖以雪的晶體(冰)及其原子排列方式為例。雖然晶體外形不見得會完全按照原子排列的方式呈現，但晶體成長的過程仍與晶系息息相關。

礦物應歸類於何種晶系，主要的參考標準有二：晶軸之間相交的角度是否為直角、晶軸彼此是否等長。

本章將逐一介紹各個晶系與代表礦物。

原子的排列方式會影響結晶構造

水分子是由1個氧原子與2個氫原子組成。大量水分子聚集時，最穩定的構造為正四面體(右圖)。正四面體任兩面的夾角約為110度，因此許多雪晶體會以110度立體交錯或成長。

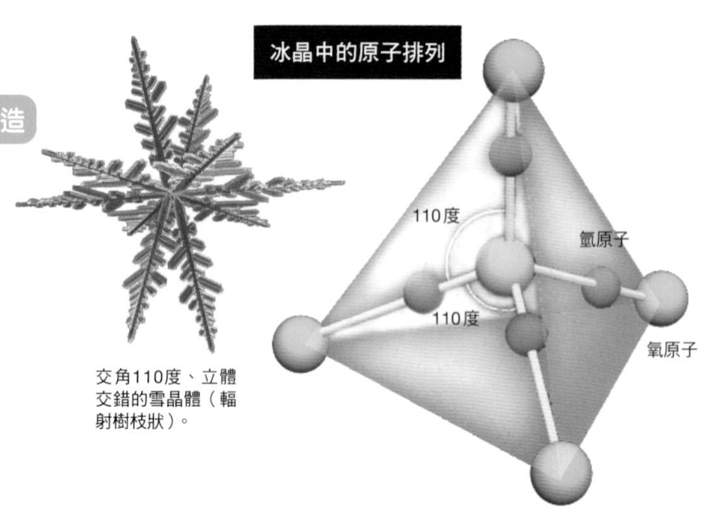

交角110度、立體交錯的雪晶體(輻射樹枝狀)。

晶體的成長方向取決於溫度

雪晶體並非完全按照原子的排列形式成長，主要會受到氣溫(濕度)等條件影響。

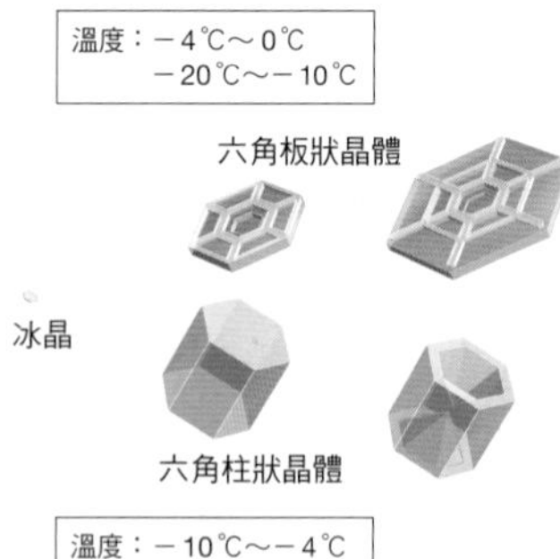

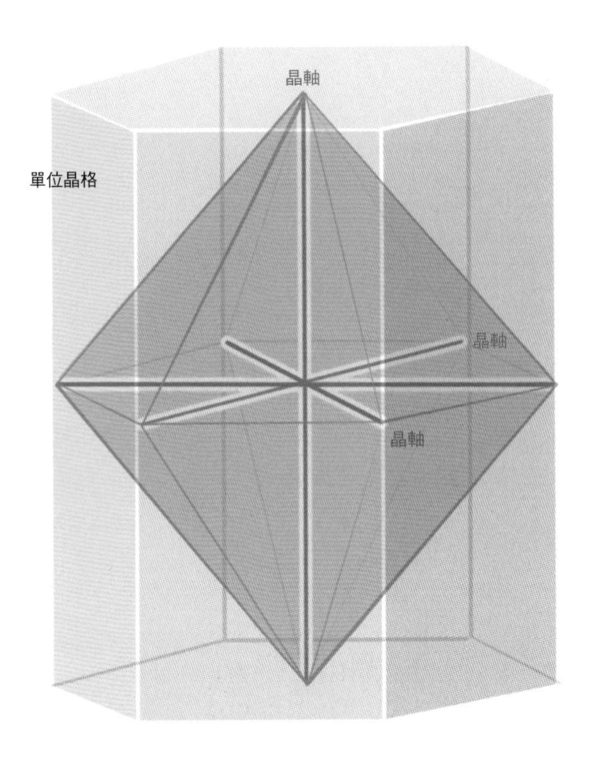

按晶軸長度與夾角區分晶系

晶體依照晶軸彼此相交的角度與長度可分成以下數種晶系，後面還會詳加介紹各個晶系。

- 立方晶系
- 正方晶系
- 斜方晶系
- 單斜晶系
- 三斜晶系
- 三方晶系
- 六方晶系
- 非晶質

專欄 COLUMN

原子與分子的結合方式有三種

原子之間主要透過三種方式結合（鍵結）。「共價鍵」（covalent bond）是複數原子之間透過共用電子來填補電子殼層的空位相互連結；「離子鍵」（ionic bond）是藉由陽離子（+）與陰離子（−）之間的靜電力（庫侖靜電力）相互吸引結合；「金屬鍵」（metallic bond）是金屬原子透過最外殼層電子於複數原子間自由活動來結合。金屬晶體中可以自由移動、幫助金屬原子結合的電子稱作「自由電子」（free electron）。原子以什麼方式結合，主要和礦物本身的導電度、軟硬度等物理性質較有關係，對晶體形狀的影響較小。

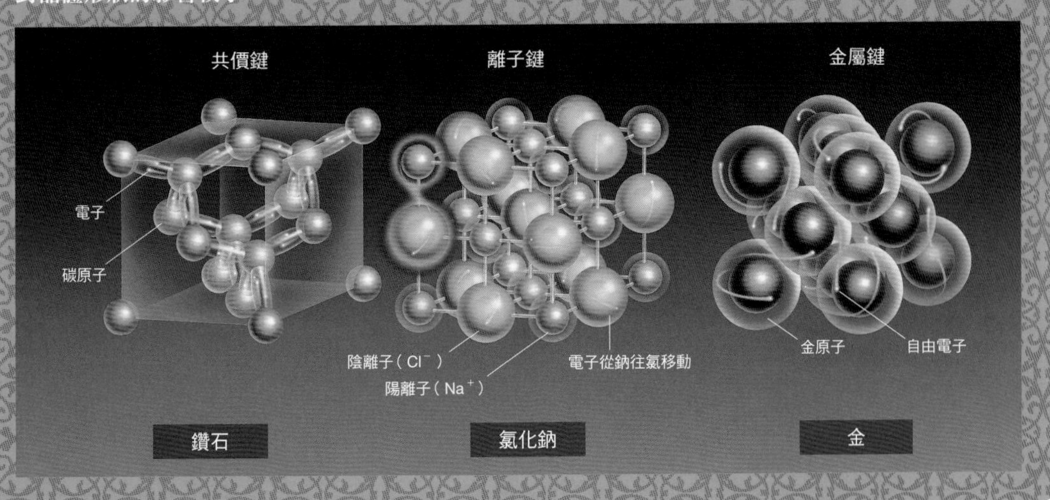

立方晶系（等軸晶系）的礦物

立方晶系（cubic system）上下、左右、前後方向的晶軸等長，並且都以90度相交。

代表礦物包含自然金、鑽石、磁鐵礦、石鹽。就以下方照片的鑽石與磁鐵礦為例，雖然兩者的原子排列方式不同，但是晶系相同，故晶體外形雷同。順帶一提，右頁上方與下方的照片都是赤銅礦，由此可見，光憑外形判斷礦物種類實屬困難。

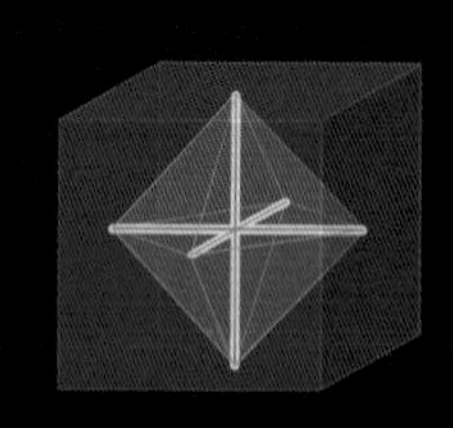

立方晶系（等軸晶系）

三個晶軸等長，三軸皆垂直相交。

鑽石
（南非產）P

磁鐵礦

外形相似

兩者元素成分不同，但晶體同為八面體。

方鉛礦
（秋田縣產）P

方鉛礦（Galena）

鉛的硫化物，拿起來很沉重。晶體常為六面體或八面體。裂開處帶有光澤，但會隨著時間慢慢黯淡。

DATA	
分類	硫化礦物
晶體外形	立方體
顏色／條痕	鉛灰／鉛灰
硬度	$2\frac{1}{2}$
解理	完全
比重	7.6
晶系	立方晶系
化學成分	PbS

多與自然銅等礦物共存

上圖為赤銅礦的六面體、八面體晶體，右圖則是塊狀的赤銅礦。靠近地表的礦床容易因為地下水、氧氣、二氧化碳等而產生變質作用，這些變質的地帶稱作「氧化帶」。赤銅礦就是在銅礦床的氧化帶生成，通常與自然銅、矽孔雀石（chrysocolla）共存。赤銅礦的主要產地為納米比亞、剛果等中非國家及俄羅斯。除了右圖的塊狀型態，亦有稱作「毛赤銅礦」（chalcotrichite）的毛狀、針狀型態。

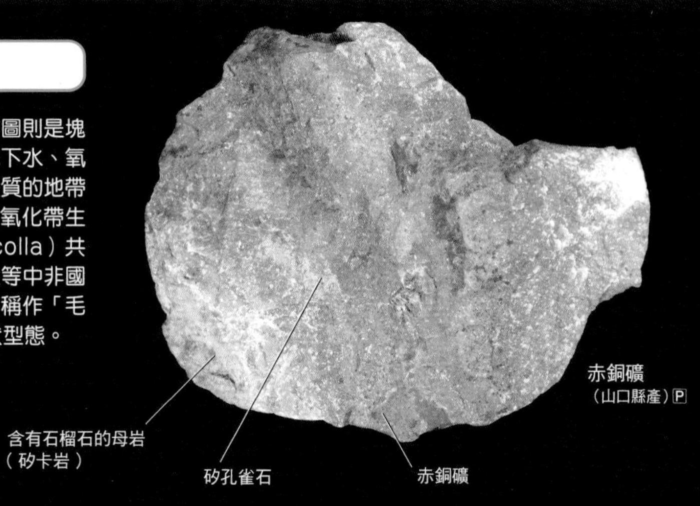

赤銅礦
（山口縣產）P

赤銅礦（Cuprite）

一種銅礦石，透明度高者可加工成珠寶飾品。赤銅礦折射率雖高，但硬度很低，所以大多只會擺著觀賞。名稱來自拉丁語「cupurum」，意思是銅。

DATA	
分類	氧化礦物
晶體外形	六面體、八面體
顏色／條痕	紅／紅褐
硬度	$3\frac{1}{2}$～4
解理	無
比重	6.2
晶系	立方晶系
化學成分	Cu_2O

正方晶系的礦物

正方晶系（tetragonal system）的三個晶軸中有一個長度不同。三個晶軸雖然和立方晶系一樣垂直相交，但由於晶軸長度不同，所以單位晶格呈現正方柱狀。

長久以來，人們都是以外形來分類、判別礦物，直到1913年才開始運用X光晶體繞射法（X-ray diffraction）分析礦物的原子排列方式。如今，技術已經發展到可以使用掃描探針顯微鏡（SPM）等工具來觀測半徑0.1奈米（100億分之1公尺）程度的原子了。

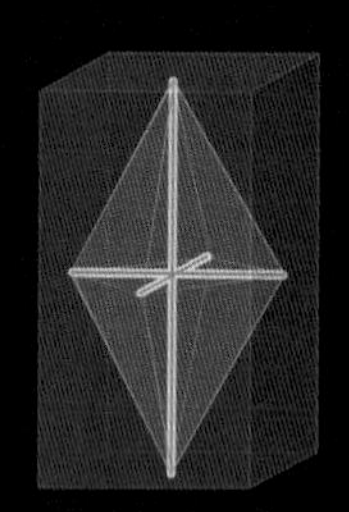

正方晶系

三個晶軸中有兩個等長，三軸皆垂直相交。

符山石（長野縣產）N

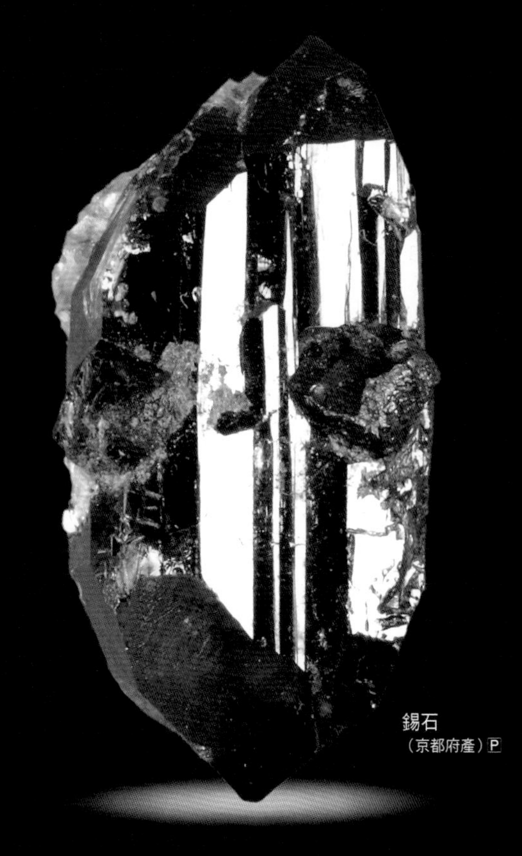
錫石
（京都府產）P

符山石（Vesuvianite）

多產自石灰岩接觸變質而成的矽卡岩，英學名源自發現該礦物的義大利維蘇威火 不過日本也有出產。顏色變化多端，有褐、黑褐、黃、綠、白、粉～紅、紫，成含有較多鋁、鎂者會呈現淡色，含較多鐵會呈現深色。

ATA	
類	雙島狀矽酸鹽礦物
體外形	柱狀
色／條痕	幾乎涵蓋所有顏色與深淺
度	6～7
理	不明顯
重	3.3～3.4
系	正方晶系
學成分	$Ca_{19}(Al,Mg,Fe,Mn)_{13}(SiO_4)_{10}(Si_2O_7)_4(OH,F,O)_{10}$

錫石（Cassiterite）

自古以來，「錫」就是杯器的常見原料。錫石常見於熱液礦脈與接觸交代礦床，而堆積成砂礦（混於土砂中的砂狀礦石）者稱作砂錫。

錫杯

DATA	
分類	氧化礦物
晶體外形	柱狀
顏色／條痕	黃褐～黑／淡黃、白
硬度	6～7
解理	不明顯
比重	7.0
晶系	正方晶系
化學成分	SnO_2

斜方晶系（正交晶系）的礦物

斜方晶系的三個晶軸彼此交角皆為90度，但三者長度不一。

斜方晶系的英文為「orthorhombic system」，日本過去稱作斜方晶系，但由於其單位晶格為長方體（直方體），故2014年起日本結晶學會正名為「直方晶系」；臺灣仍習慣稱為「斜方晶系」。

斜方晶系的所有晶軸皆以90度相交，那麼「斜方」一詞又是從何而來？原因在於該晶系的礦物外形以菱形居多，鮮少長方體的晶體，而斜方的意思即為菱形。代表礦物有堇青石、重晶石、葡萄石，還有自然硫、霞石、黃玉。

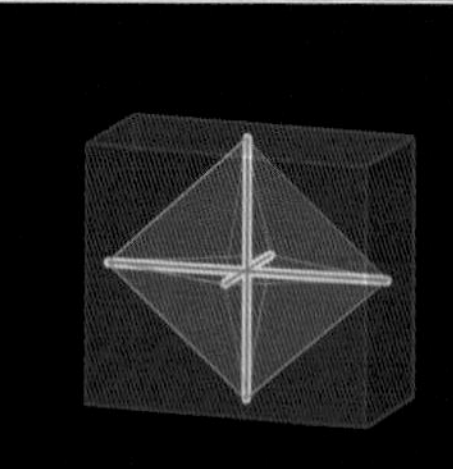

斜方晶系

三個晶軸的長度各異，但相互垂直。

經過雕琢的透明堇青石（iolite）

堇青石
（茨城縣產）P

堇青石（Cordierite）

常見於岩漿附近變質形成的角頁岩，和泥演變而成的片麻岩。晶體呈現柱狀，（Fe）含量多寡會影響藍色的深淺，晶方向也會影響顏色。透明堇青石晶體是受迎的寶石，英文名稱iolite在希臘語中意「紫羅蘭色的（ion）石頭（lithos）」。

DATA	
分類	環狀矽酸鹽礦物
晶體外形	柱狀
顏色／條痕	靛藍、黃褐／白
硬度	$7 \sim 7\frac{1}{2}$
解理	明顯
比重	2.5～2.7
晶系	斜方晶系
化學成分	$(Mg, Fe)_2Al_3(AlSi_5)O_{18}$

集合體

（北海道產）P

重晶石（Baryte／Barite）

正如其名，重晶石拿起來比外觀給人的感覺還要重，因為其主成分鋇是一種重元素。重晶石通常產自熱液礦脈、黑礦礦床，名稱源自希臘語中意謂著沉重的「barys」。集合體呈現板狀晶體，與石膏一樣在沙漠地帶會形成俗稱「沙漠玫瑰」的結晶型態。

DATA	
分類	硫酸鹽礦物
晶體外形	板狀
顏色／條痕	無等／白
硬度	$2\frac{1}{2}$～$3\frac{1}{2}$
解理	完全
比重	4.5
晶系	斜方晶系
化學成分	$BaSO_4$

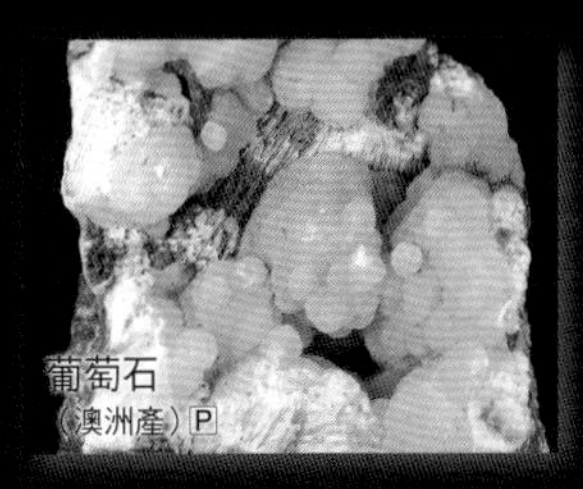
葡萄石
（澳洲產）P
集合體

（新潟縣產）P

葡萄石（Prehnite）

這種礦物的集合體型態與顏色皆與葡萄相似，因而得名。若鐵取代鋁，便會呈現淡綠色。當化學成分（Si_3Al）中的矽（Si）和鋁（Al）排列方式不規律，就會構成無序的斜方晶系；若排列方式規律，則會構成單斜晶系。兩種晶系的晶體經常並存，形成球狀集合體。

DATA	
分類	葉狀矽酸鹽礦物
晶體外形	板狀集合體等
顏色／條痕	無～淡綠／白
硬度	6～$6\frac{1}{2}$
解理	良好
比重	2.8～3.0
晶系	斜方晶系
化學成分	$Ca_2(Al,Fe)(Si_3Al)O_{10}(OH)_2$

單斜晶系的礦物

單斜晶系（monoclinic system）的三個晶軸中，僅有前後方向的晶軸傾斜，且三個晶軸長度各異。

晶體大多呈現底面為平行四邊形的四角柱。單斜晶系的礦物種類很多。

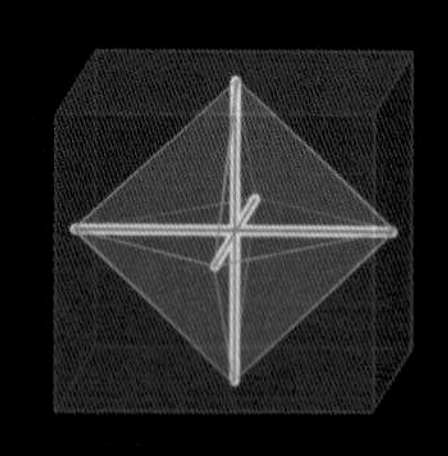

單斜晶系

三個晶軸長度各異，其中兩個晶軸相互垂直。

石膏晶體。許多地方都有出產石膏，包括礦床、溫泉池和鹽湖的沉澱，或地表露頭等。

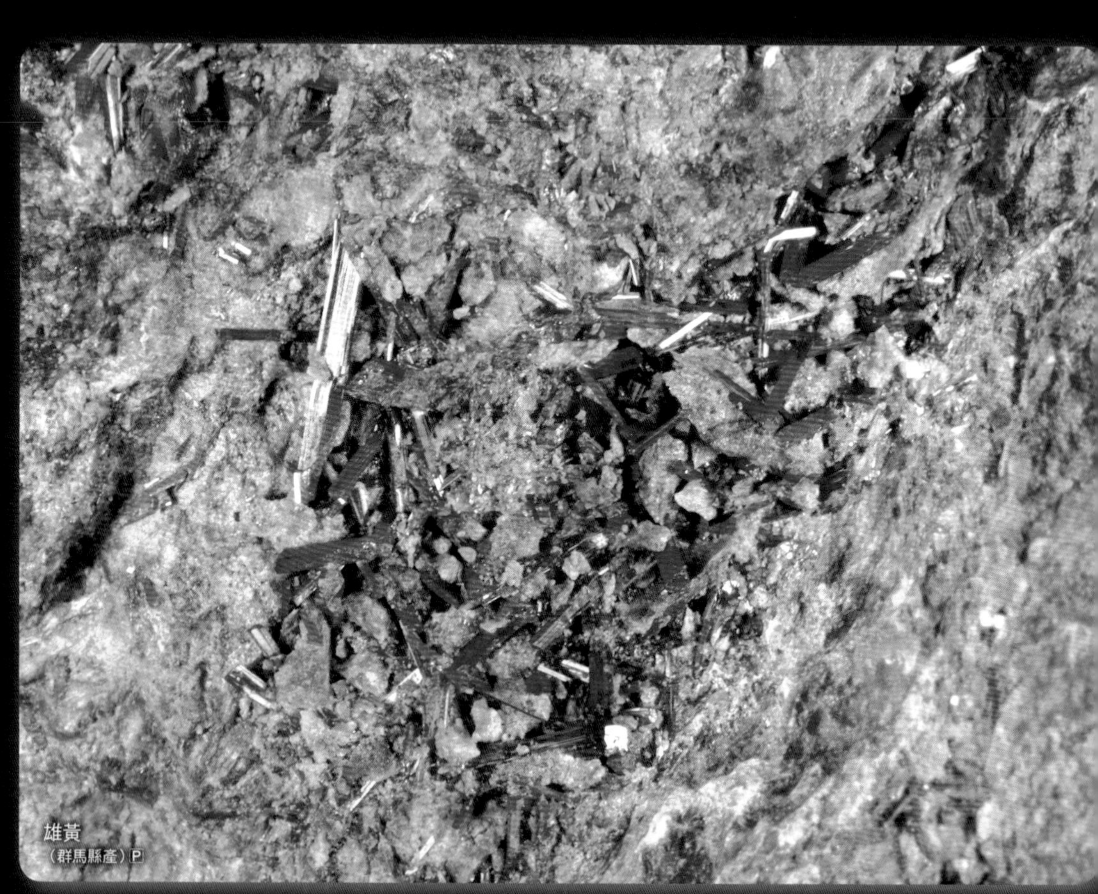

雄黃
（群馬縣產）P

正長石
（大阪府產）P

石膏
（摩洛哥產）P

雄黃（Realgar）

雄黃（雞冠石）產自熱液礦脈，是砷（As）的原礦之一。本身顏色鮮豔，可一旦受到日曬與濕氣影響便會開始出現黃色粉末，最後碎裂形成「副雄黃」（pararealgar）。早期日本畫所用的橘色顏料就是以雄黃製成，但雄黃毒性極強，因此現代顏料皆改用人工合成。

DATA	
分類	硫化礦物
晶體外形	柱狀
顏色／條痕	紅／橘～紅
硬度	$1\frac{1}{2}$～2
解理	完全
比重	3.6
晶系	單斜晶系
化學成分	As_4S_4

正長石（Orthoclase）

岩漿冷卻後形成的火成岩，其主要造岩礦物就是長石。長石可依成分分成兩大類：以鉀為主的「鉀長石」，以鈉、鈣為主的「斜長石」（詳見第111頁）。正長石屬於鉀長石，是摩氏硬度6的基準礦物。

DATA	
分類	矽酸鹽礦物
晶體外形	四角柱狀等
顏色／條痕	白、灰、粉／白
硬度	6
解理	完全
比重	2.6
晶系	單斜晶系
化學成分	$KAlSi_3O_8$

石膏（Gypsum）

石膏的主要成分是硫酸鈣和水，有塊狀、柱狀、纖維狀等多種造型，不同的型態與外觀亦有不同的稱呼，比方說雪花石膏（alabaster）、透石膏（selenite）。現在石膏常用於調整水泥漿體的流動性。與重晶石一樣，當石膏成分溶於沙漠地帶的水，結晶後便會形成「沙漠玫瑰」。

DATA	
分類	硫酸鹽礦物
晶體外形	板狀
顏色／條痕	無、白／白
硬度	2
解理	完全
比重	2.3
晶系	單斜晶系
化學成分	$CaSO_4 \cdot 2H_2O$

三斜晶系的礦物

三斜晶系（triclinic system）的三個晶軸相互斜交且長度各異。屬於三斜晶系的礦物其實不多，比較常見的種類有綠松石、藍晶石（kyanite）、薔薇輝石、鈣長石（anorthite）。

假如一晶面旋轉、反轉後仍與旋轉前狀態相同，代表晶面「具有對稱性」。三斜晶系是對稱性最低的晶系。此外，「布拉維晶格※」（Bravais lattice）將晶體的三維立體構造分成14個種類，而三斜晶系不屬於其中任何一類。

※法國物理學家布拉維（Auguste Bravais，1811～1863）制定的分類法。

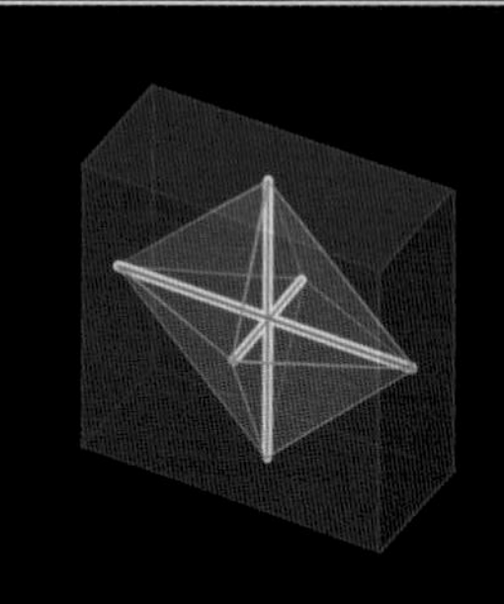

三斜晶系

三個晶軸長度各異，彼此互以90度以外的不同角度相交。

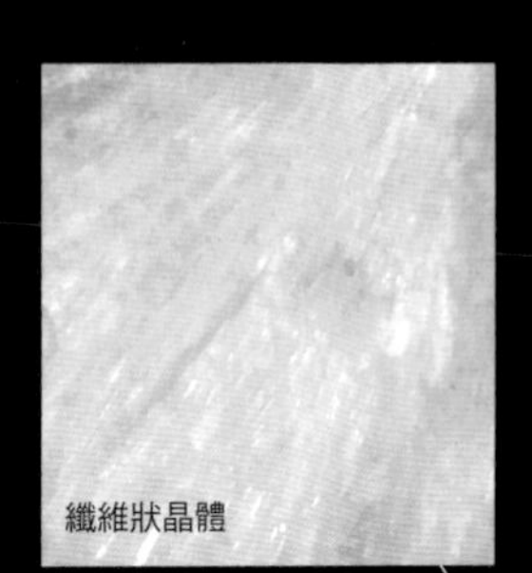

矽灰石（Wollastonite）

含鈣的矽酸鹽礦物。也屬於石灰岩與花崗岩接觸岩漿後受熱變質而成的「矽卡岩」。外形為眾多針狀晶體的集合體，英文名稱取自英國礦物學家沃拉斯頓（William Wollaston，1766～1828）。矽灰石是工業常用原料，用途包含製作樹脂與建材。

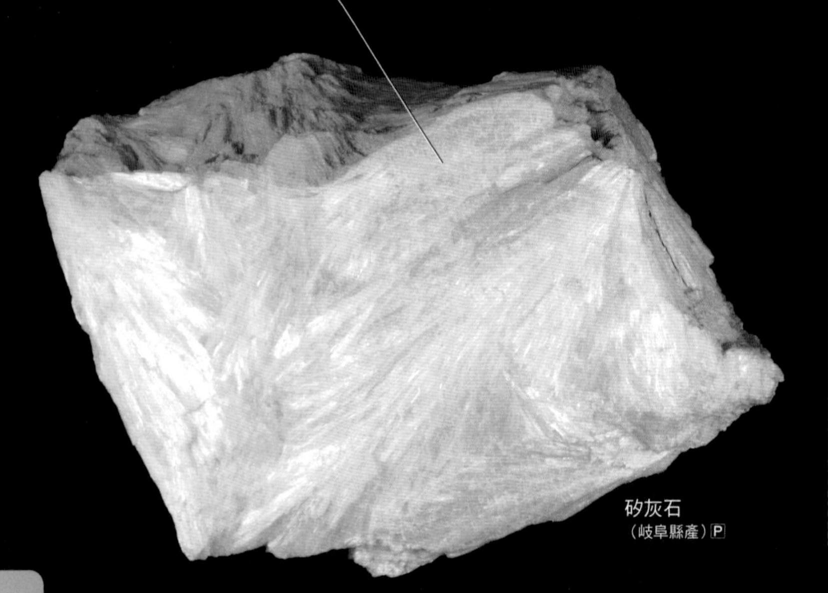

矽灰石
（岐阜縣產）P

DATA	
分類	鏈狀矽酸鹽礦物
晶體外形	針狀
顏色／條痕	白、淡褐／白
硬度	$4\frac{1}{2}$ ~ 5
解理	完全
比重	2.9 ~ 3.1
晶系	三斜晶系
化學成分	$CaSiO_3$

薔薇輝石（Rhodonite）

產自錳礦床，含鐵成分較少時會呈現玫瑰般的粉紅色。鐵含量愈高，褐色調愈重。英文名稱取自希臘語中有玫瑰之意的「rhodon」。「輝石」是一種含有鈣、鎂、鐵等元素的造岩礦物，然而薔薇輝石是一種準輝石而非真正的輝石。

DATA	
分類	鏈狀矽酸鹽礦物
晶體外形	塊狀
顏色／條痕	粉～鮮紅／白
硬度	$5\frac{1}{2}$～$6\frac{1}{2}$
解理	完全
比重	3.6～3.8
晶系	三斜晶系
化學成分	$CaMn_4Si_5O_{15}$

薔薇輝石
（栃木縣產）P

紅矽鈣錳礦（Inesite）

通常以粉色纖維狀集合體的型態出現於熱液礦脈和變質錳礦床，屬於含鈣與錳的矽酸鹽水合物。成分含錳，故接觸戶外空氣時會氧化，轉變為褐色～黑色。其學名在希臘語中的意思是「肉色纖維」。

DATA	
分類	鏈狀矽酸鹽礦物
晶體外形	長柱狀、針狀
顏色／條痕	粉～肉紅／白
硬度	6
解理	完全
比重	3.0
晶系	三斜晶系
化學成分	$Ca_2Mn_7Si_{10}O_{28}(OH)_2 \cdot 5H_2O$

紅矽鈣錳礦
（靜岡縣產）P

三方及六方晶系的礦物

若設定四個晶軸，即可輕易判別六方晶系（hexagonal system）的礦物。該晶系縱向晶軸以外的三個晶軸皆以120度相交，晶體會成長為六角柱狀。而三方晶系（trigonal system）可歸屬於六方晶族。

晶體的成長過程受環境影響，晶面可能發展成歪曲的形狀（晶癖）。但即使外觀不盡相同，只要均勻成長，每個晶面之間的夾角（面角）※仍會呈現相同角度。這種反映原子排列角度的現象稱作「面角守恆定律」（law of constancy of angle）。

※面角（interfacial angle）即相鄰兩晶面的夾角。1669年由丹麥地質學家史坦諾（Nicolaus Steno，1638～1686）發現，從此揭開結晶學的序幕。

六方晶系

有四個晶軸，其中一個垂直，另外三個等長且互以120度相交。

三方晶系

三個等長的晶軸以90度以外的同一角度相交。

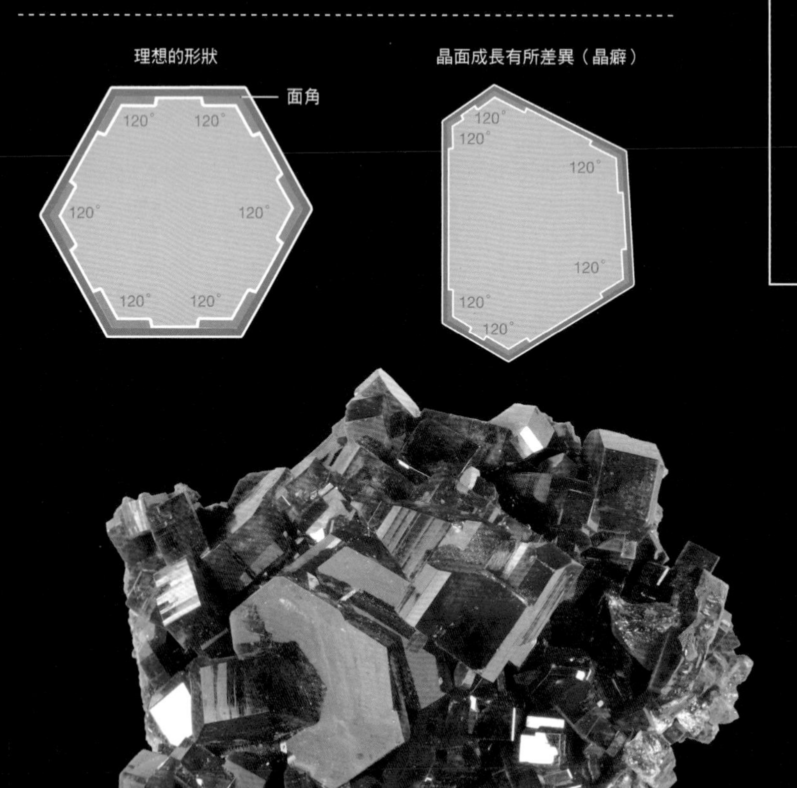

釩鉛礦
（摩洛哥產）P

透視石（Dioptase）

18世紀後半葉首次於俄羅斯發現。由於顏色鮮艷翠綠，又名為綠銅礦。起初被誤認為祖母綠，後來發現這種礦物的硬度比祖母綠還要低，而且有解理，才判定為新種礦物。透視石質地柔軟，不適合做成珠寶飾品。其學名源自希臘文的di-（通透）+opteia（可見）。

DATA	
分類	環狀矽酸鹽礦物
晶體外形	短柱狀
顏色／條痕	青綠／淡青綠
硬度	5
解理	完全
比重	3.3
晶系	三方晶系
化學成分	$Cu_6Si_6O_{18}\cdot 6H_2O$

透視石（哈薩克產）P

釩鉛礦（Vanadinite）

釩鉛礦的原子排列方式與磷灰石相同，只是釩和鉛取代了磷和鈣。顏色範圍很廣，從左頁照片般的鮮紅色到右方照片的黃褐色、淡黃色都有。釩鉛礦的硬度低，無法做成寶石，不過釩元素本身堅硬且導熱性優異，名稱來自北歐神話的女神凡娜迪絲（Vanadis）。

DATA	
分類	釩酸鹽礦物
晶體外形	六角板柱狀
顏色／條痕	橘紅、紅、黃褐／淡黃
硬度	$2\frac{1}{2}$～3
解理	無
比重	6.9
晶系	六方晶系
化學成分	$Pb_5(VO_4)_3Cl$

釩鉛礦（群馬縣產）P

SECTION 30

Amorphous Substance

非晶質

非晶質的礦物

不具規律結晶構造的物質稱作「非晶質物質」，簡稱「非晶質」（amorphous）。

amorphous的意思即「沒有形體」，用於形容不具備固定外形的物質。而這些物質之所以沒有固定外形，是因為固體中的原子、離子、分子排列並不規律，例如蛋白石、玻璃、橡膠、塑膠等就屬於非晶質。

石英晶體與非晶質體

下圖為結晶質石英（玻璃的原料）與非晶質石英玻璃的構造。石英晶體的構造單位是 1 個矽與 4 個氧構成的正四面體，排列整齊有序。非晶質石英也存在矽、氧結合而成的構造單位，只是這些單位之間的連接方式紊亂無序。

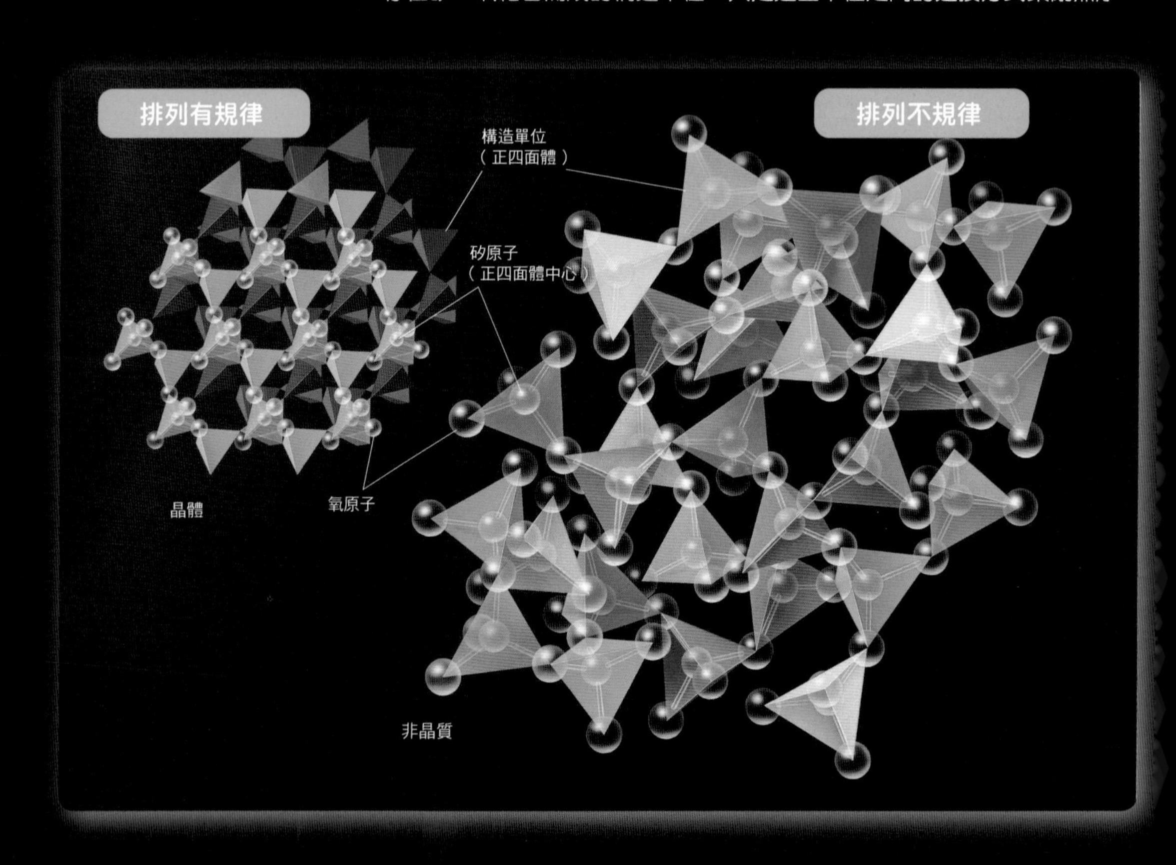

蛋白石為非晶質的含水矽酸鹽礦物，成分約有10%是水分，至多可達20%。其繽紛閃耀的虹彩稱作「變彩」（蛋白石介紹詳見第116頁）。

汞是一種金屬元素，常溫常壓下為液態，大多是從硫化物「辰砂」中分離取出，但部分地區的汞也會如水滴般產出。人類使用汞的歷史可追溯至古埃及和古中國文明，不過汞會微量蒸發到空氣中，若不慎吸入會中毒，必須謹慎使用。

自然汞（Mercury）

DATA	
分類	元素礦物
晶體外形	液狀
色	銀白
硬度	
解理	
比重	13.6
晶系	
化學成分	Hg

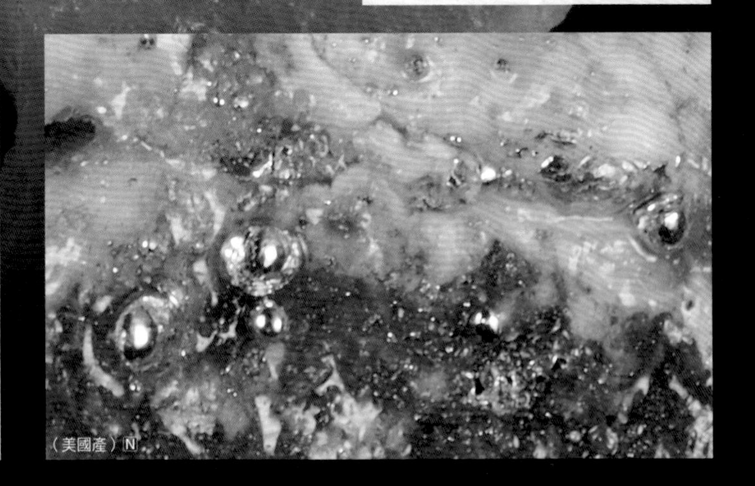

（美國產）N

COLUMN

孕育美麗晶體的空洞「晶洞」

晶洞（geode）並非岩石的名稱，而是指岩石中的空洞。英文名稱源自希臘語，意思是「與大地相像」。

晶洞的外觀乍看之下只是一顆圓滾滾的岩石，但剖開後便會發現其中孕育了美麗的晶體，可能是透明水晶或紫水晶，只有切開才會知道。很多礦物都有可能形成晶洞，例如方解石、石膏、閃鋅礦等。

晶洞形成於火成岩的縫隙

晶洞是在火成岩的空洞形成，雖然孕育過程尚未徹底查明，不過一般推論如下。

岩漿中的氣泡和水泡創造出空間，冷卻凝固後便會形成空洞。而後水晶成分跟著地下水流入，經過漫長時間逐漸發展成晶洞。

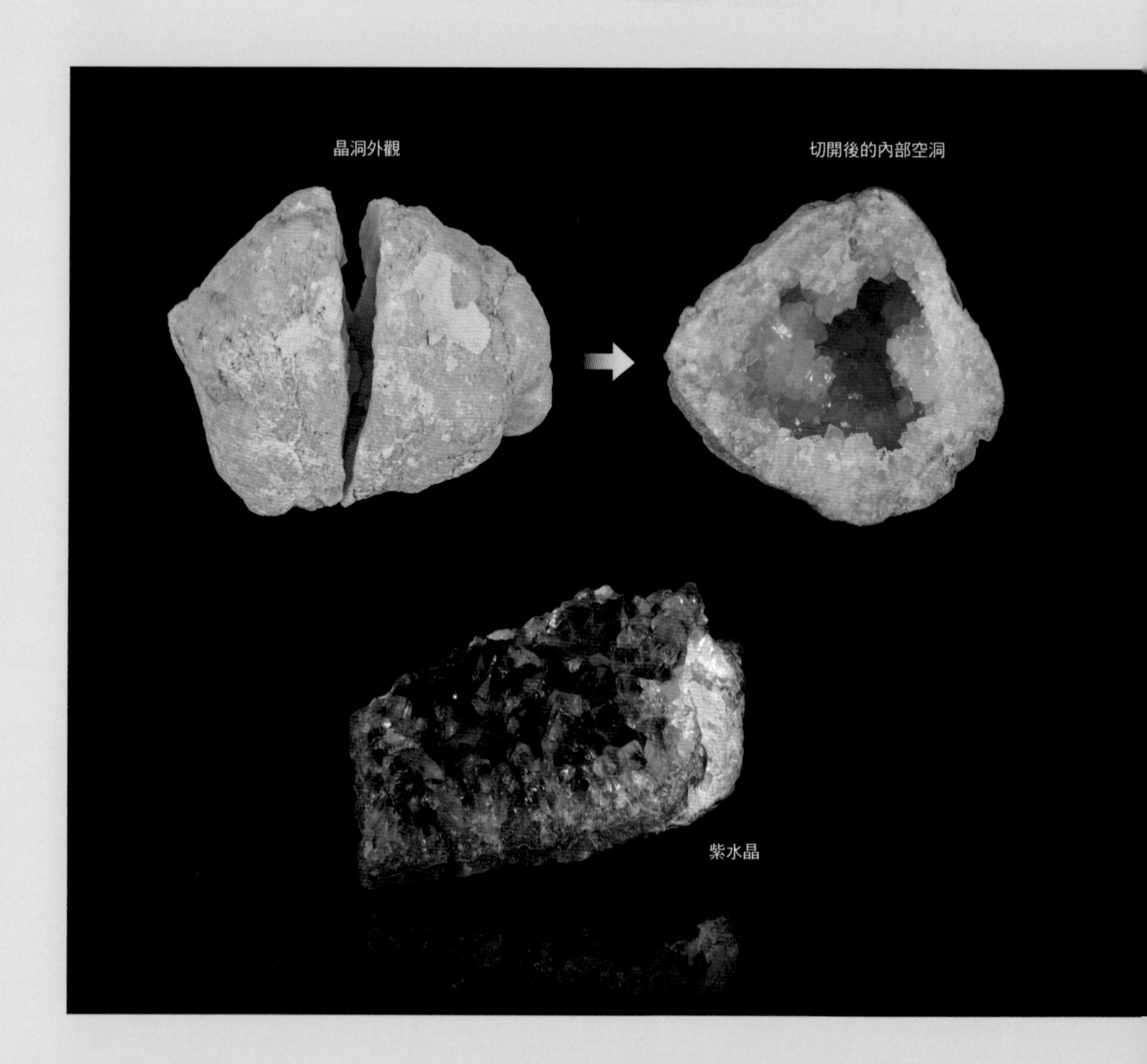

偉晶岩

岩漿冷卻時，有些成分比較容易凝固，有些則否。

容易凝固的部分會形成花崗岩，而難以成為花崗岩造岩礦物的成分最終會遺留下來，和壯大的石英、長石、雲母等一起凝結成偉晶岩。偉晶岩多呈現脈狀和透鏡狀，若形成於花崗岩的縫隙間，便能在內部孕育晶體。

偉晶岩
（岐阜縣產）P

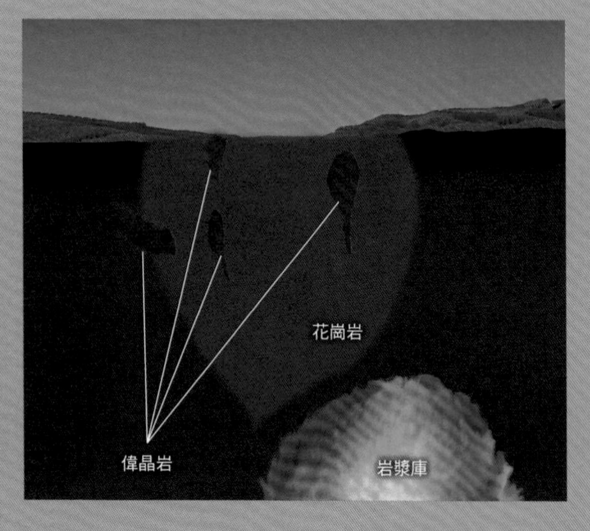

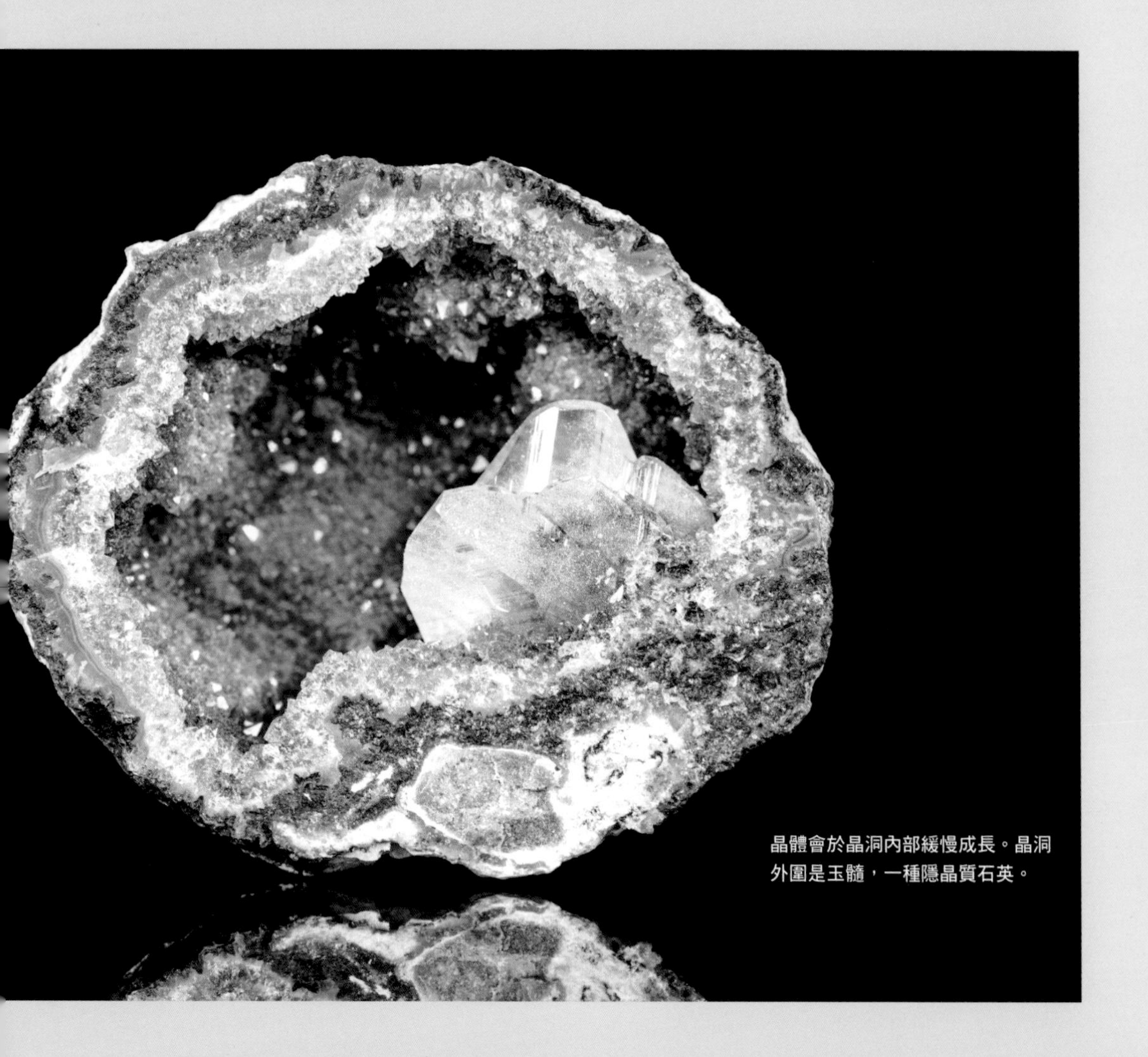
晶體會於晶洞內部緩慢成長。晶洞外圍是玉髓，一種隱晶質石英。

圖為鑽石原石，產出時的型態為八面體晶體。鑽石質地堅硬而打磨困難，因此其品質鑑定標準的4C中有一項為琢型（亦稱為切割）。現在寶石產業常見的寶石琢型最早可追溯至14世紀。

鑽石的評鑑標準「4C」

① 克拉（Carat）
② 顏色（Color）
③ 琢型（Cut）
④ 淨度（Clarity）

（南非產）P

4

珍貴的寶石礦物

Minerals that Become Gems

令人愛不釋手的寶石礦物

特別美麗的礦物會被當成珍貴的寶石。

基本上，寶石的硬度一定要夠高，才能避免在使用過程中受損，一般來說摩氏硬度最好要在7以上。

然而，硬度並非寶石唯一的價值。就如下表所示，共有七項評判寶石價值的基本要素。以顏色這個條件為例，紅色寶石有紅寶石、尖晶石、石榴石，但三者的成分完全不同。再者，石榴石不只有一種顏色，還分成石榴色的紅石榴石、綠色的綠石榴石等。

本章會介紹各式各樣珍貴的寶石，其中有的是礦物，有的並不是礦物。

衡量寶石品質的七個要素

色相與礦物種類	以紅寶石與尖晶石為例，即便兩者都是紅色寶石，也得觀察成分才能區別。此外，也能判斷是否為合成寶石或玻璃。
產地	生長環境會影響寶石的顏色與包裹體，因此產地也會左右寶石價值。
有無處理	有些天然寶石（無處理）原本的狀態就很漂亮。有些寶石經過加熱、浸染（impregnation）等處理會更加美麗（人工染色不算正規的寶石處理），例如海藍寶石。
光澤與比例	寶石的琢型會大大影響光澤。
色彩濃淡	基本上顏色愈深愈漂亮。通常小顆寶石的顏色較淡，大顆寶石顏色較深。
瑕疵	礦物為天然產物，所以完美與否並非衡量好壞的標準。即便內含包裹體（inclusion），只要是自然作用下的美，便可視為「特色」而非「缺點」。
尺寸	基本上愈大顆愈有價值。

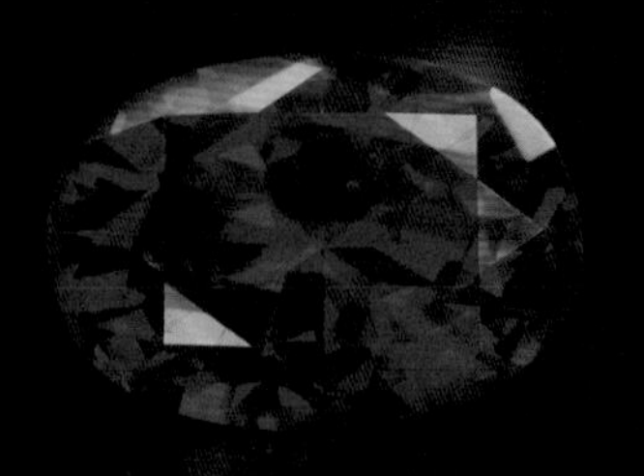
紅寶石

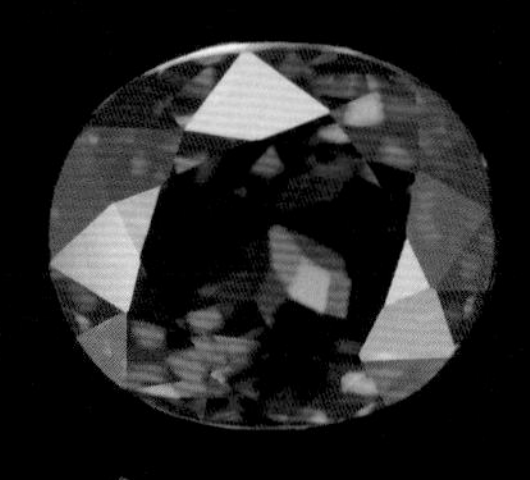
尖晶石

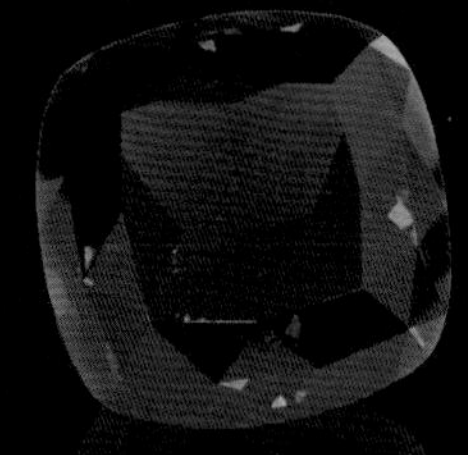
石榴石

光憑外觀難以辨別

下方兩顆寶石顏色相似，卻是不同的礦物。即便是同一種寶石，也可能呈現不同的顏色，例如石榴石從紅色到綠色都有。順帶一提，「沙弗萊石」（Tsavorite）並非礦物名稱，而是出自知名寶石品牌蒂芬妮的商品名稱，靈感來自產地肯亞沙弗（Tsavo）國家公園。沙弗萊石成分含微量的釩、鉻，故呈現綠色。

綠色貴榴石
（沙弗萊石）

祖母綠

硬度最高的寶石 鑽石

鑽石又名「金剛石」，正如其名是最堅硬的寶石。鑽石是完全由碳元素（C）組成的「元素礦物」。

純淨的鑽石透明無色（colorless），也有帶黃色、粉色、綠色的鑽石，顏色來自於成分中混雜的氮。若鑽石的結晶構造摻雜氮原子，晶體就會呈現不同的顏色。至於藍色的鑽石，則是成分中混雜了硼所致。

鑽石的琢型會影響光澤，其中又以產生大量頻散五彩光芒的「燦爛形琢型」（brilliant cut）最為璀璨。這種琢型可以讓鑽石頂面的入射光於底面全數反射。

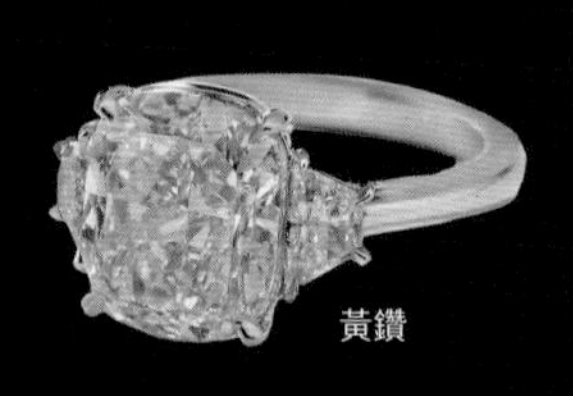

黃鑽

常見的鑽石琢型

入射光全數反射的現象稱作「全反射」，利用入射角較小的全反射現象，讓白光分散成各個顏色的光，打造鑽石的光輝。鑽石有許多琢型，其中18世紀發明的「燦爛形琢型」特色在於鮮少有光會從鑽石底部透出，所以看起來特別閃耀。

<示意圖>

入射光
反射光
全反射
全反射

燦爛形琢型

〈各種琢型〉

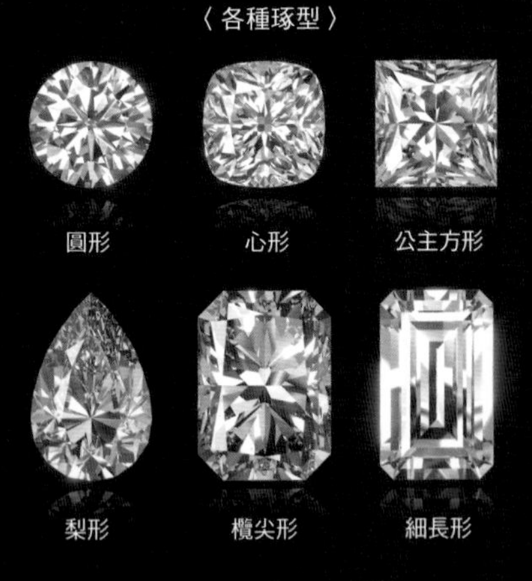

原石
（南非產）P

鑽石（Diamond）

DATA	
分類	元素礦物
晶體外形	正八面體
顏色／條痕	無、淡黃等／白
硬度	10
解理	完全
比重	3.5
晶系	立方晶系
化學成分	C

鑽石容易往四個方向裂開

從不同角度觀察，會發現鑽石的結晶構造（原子排列方式）為層層堆疊，而這些層狀結構的方向就是鑽石的解理。雖然鑽石是最硬的礦物，但也不是無法切割。

鑽石的結晶構造

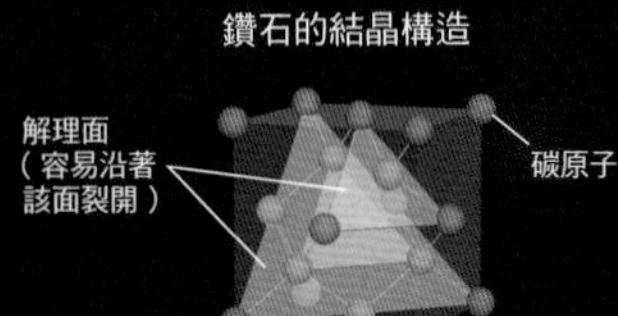

從八面體各頂點往四個方向形成的解理面。

從不同角度觀察的結晶構造

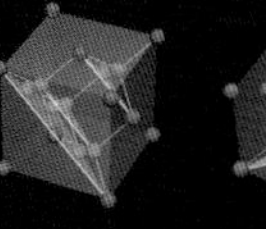

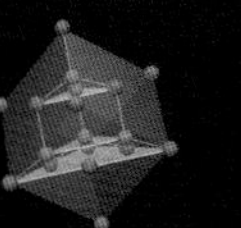

專欄 COLUMN　主要鑽石產地與「衝突鑽石」

鑽石的主要產地包含俄羅斯、加拿大、納比米亞、波札那、南非。

非洲各國自1980年代起各地內戰頻傳，某些參戰者會利用武力鎮壓鑽石礦山，將鑽石帶到國外賣掉以換取武器資源，這些用於籌措戰爭資金的鑽石稱作「衝突鑽石」（血鑽石）。雖然鑽石產國有設立證明原石產地的「金伯利流程認證機制」（Kimberley Process Certification Scheme）約束非法鑽石流通，仍無法有效根絕。

紅寶石是紅色剛玉 藍寶石是藍色剛玉

紅寶石和藍寶石在礦物分類上都屬於「剛玉」。就如第20頁也曾介紹過，鉻、鈦等雜質的含量會影響剛玉的顏色。呈現藍色者稱作藍寶石，呈現紅色者稱作紅寶石，至於其他顏色在寶石界則廣稱為「彩色剛玉」（fancy color sapphire）。

紅寶石也是史上第一種開發出人工合成技術的寶石。1904年，法國化學家維爾納葉（Auguste Verneuil，1856～1913）公開發表成功合成紅寶石的成果，但在公開此事之前便將人工紅寶石流入市場，導致紅寶石價格因此暴跌。直到後來鑑別真偽的技術成熟，行情才慢慢回升。不過，現在紅寶石的製作技術更加進步，乍看之下很難辨別到底是合成還是天然的。即使是天然原石，也可以透過熱處理使內部微量雜質擴散，或以浸染方式調整顏色。

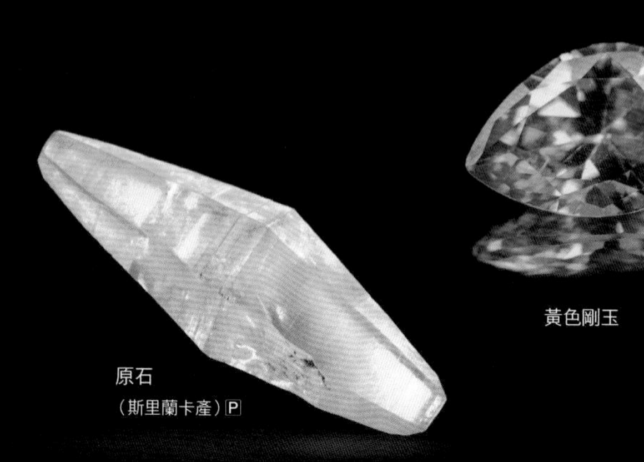

原石
（斯里蘭卡產）P

黃色剛玉

彩色剛玉

藍色、紅色以外的剛玉稱作「彩色剛玉」，種類十分豐富，有橘色、黃色、綠色、紫色、無色。大多會經過熱處理，不過還是有少數無處理的天然彩色剛玉。左方照片為黃色剛玉。

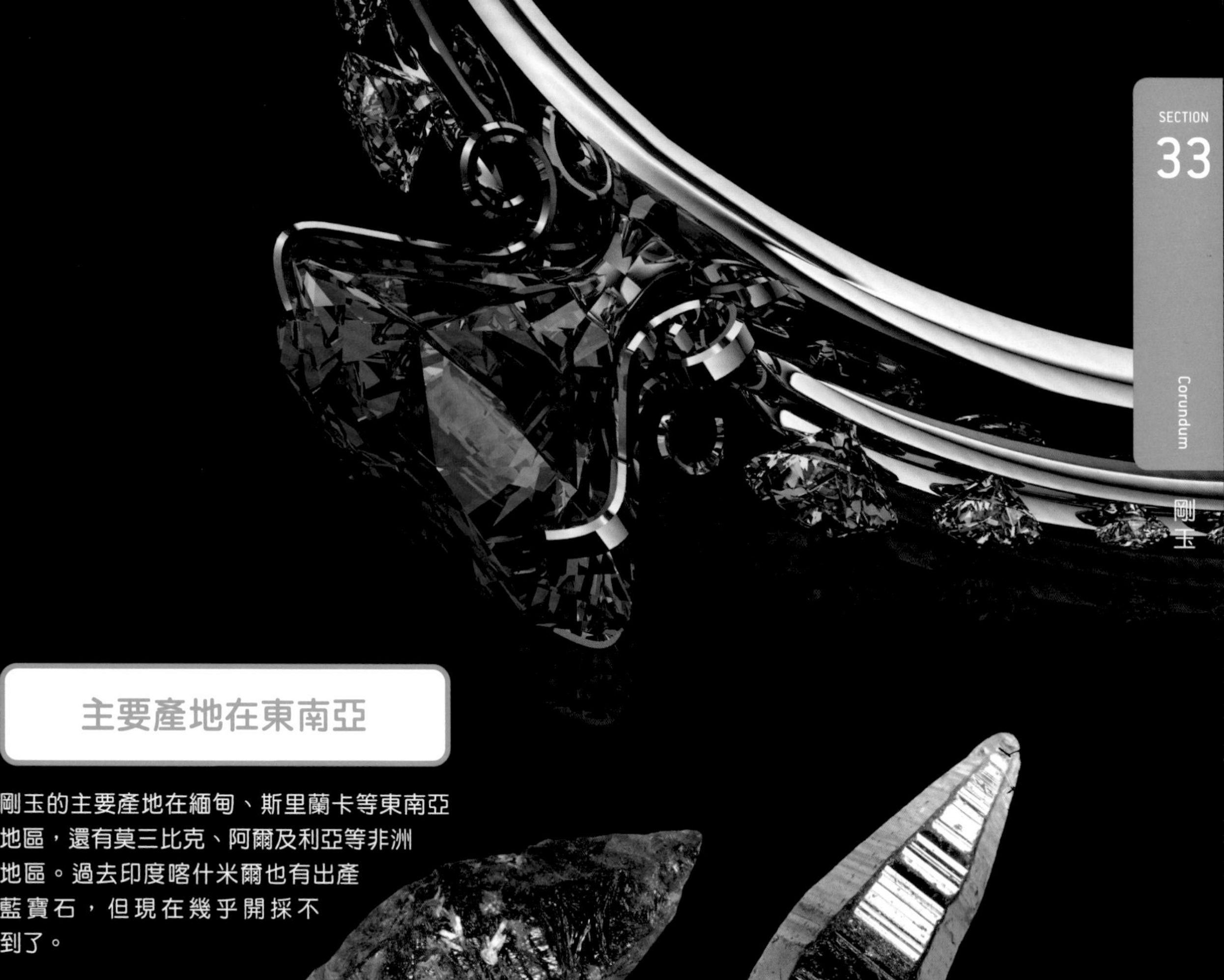

主要產地在東南亞

剛玉的主要產地在緬甸、斯里蘭卡等東南亞地區，還有莫三比克、阿爾及利亞等非洲地區。過去印度喀什米爾也有出產藍寶石，但現在幾乎開採不到了。

原石
（斯里蘭卡產）P

原石
（斯里蘭卡產）P

剛玉（Corundum）

DATA	
分類	氧化礦物
晶體外形	六角柱狀等
顏色／條痕	無、紅、藍等／白
硬度	9
解理	無
比重	4.0
晶系	三方晶系
化學成分	Al_2O_3

剛玉
（岩手縣產）P

含有鈹的礦物
金綠寶石

金綠寶石是鋁和鈹的氧化物，主要產於偉晶岩和結晶片岩（crystalline schist）。

當初發現金綠寶石時，誤將其視為綠柱石的一員，所以原文名稱「chrysoberyl」是由希臘語中指稱金的「khrusos」和指稱綠柱石的「beryl」組成。

由於金綠寶石含鐵與鈦，所以顏色可能呈現淡黃色、綠色乃至於褐色，其中還有稱為變石（alexandrite，又稱亞歷山大石）的稀有變種，會隨著不同光源改變顏色，價值不菲。若金綠寶石中含有平行分布的雜質（包裹體），經適當切割後就會形成貓眼般的模樣，此即名為「貓眼石」的珍貴寶石。

原石
（辛巴威產）N

變石

變石屬於金綠寶石的變種，含有微量的鉻、鐵、釩。這些雜質會吸收黃色、紫色波長的光，因此在陽光下呈現藍綠色，在白熾燈光與燭光下會變成紅紫色。變石最早發現於俄羅斯烏拉山脈。1830年發現那天正逢當年還是王子、日後的沙皇亞歷山大二世12歲生日，因而得名。巴西和斯里蘭卡等地也有出產變石。

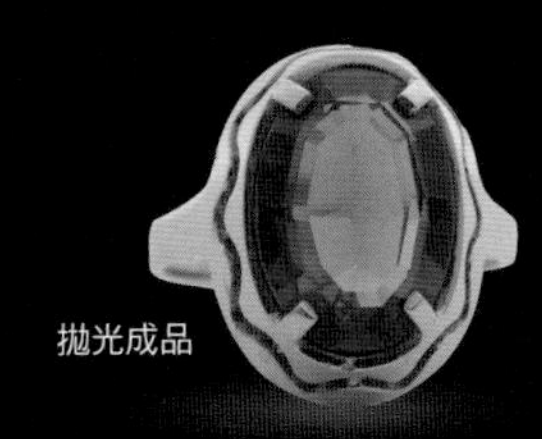
拋光成品

陽光下

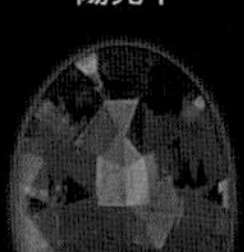

白熾燈光下

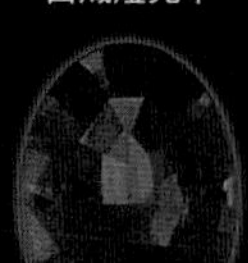

原石
（巴西產）N

拋光成品

貓眼石

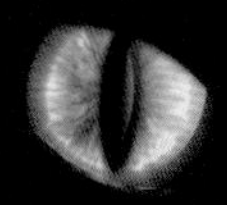

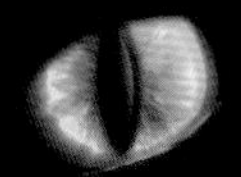

「貓眼光」（chatoyancy）是礦物內部出現一條明顯光線的光學現象。這種現象並非金綠寶石獨有，只要寶石切割方向與礦物的包裹體（針狀晶體）方向平行，就會形成貓眼光。不過貓眼石一般是指金綠寶石。此外，若同時擁有三個方向的貓眼光，則稱作星彩（asterism）。

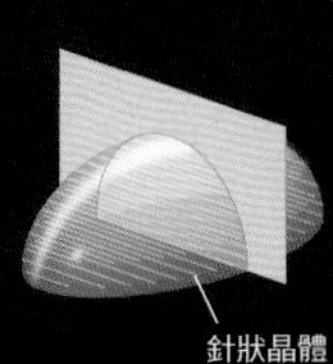

針狀晶體

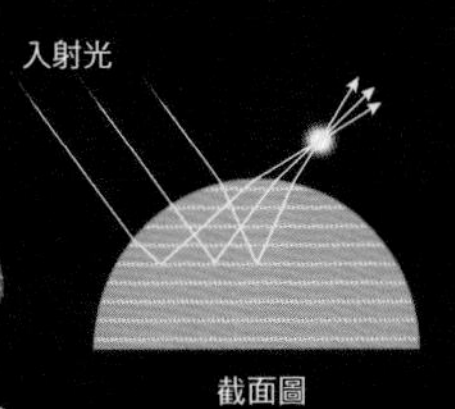

截面圖

金綠寶石（Chrysoberyl）

DATA	
分類	氧化礦物
晶體外形	雙晶、六角厚板（算珠）狀
顏色／條痕	黃綠～褐／白
硬度	$8\frac{1}{2}$
解理	明顯
比重	3.8
晶系	斜方晶系
化學成分	$BeAl_2O_4$

曾被誤認為紅寶石的尖晶石

尖晶石產自石灰岩高溫變質而成的「片麻岩」(gneiss)※，基於其八面體晶體尖銳如刺，故英文名稱取自拉丁語的「Spina」，意思是棘刺。

尖晶石的化學式為$MgAl_2O_4$，其中的鎂（Mg）經常被其他金屬元素取代而形成其他礦物，例如磁鐵礦（Fe_3O_4）、鉻鐵礦（Cr_2FeO_4）等加起來有24種，統統屬於「尖晶石群」。

尖晶石的顏色種類豐富，除了紅色之外，還有藍～黑色與無色。紅色尖晶石的顏色是成分中含鉻和鐵所致。

在分析成分的科學技術成熟以前，人們是靠外觀、硬度、解理等性質來判別礦物種類，因此過往尖晶石經常被誤認為顏色與特徵都很相似的紅寶石（剛玉）。鑲在英國皇室王冠上那顆知名的「黑王子紅寶石」其實是尖晶石而非紅寶石。

※包含大理岩等。片麻岩是一個岩石總稱，泛指擁有片麻狀（條紋狀）構造的變質岩。

尖晶石晶體

白色大理岩中的尖晶石晶體。如果尖晶石內的雜質很少，便會呈現無色；若帶有三價鉻會帶紅色；若帶有二價鈷和鐵，會帶紫色或藍色（照片右下）。

尖晶石
（緬甸產）P

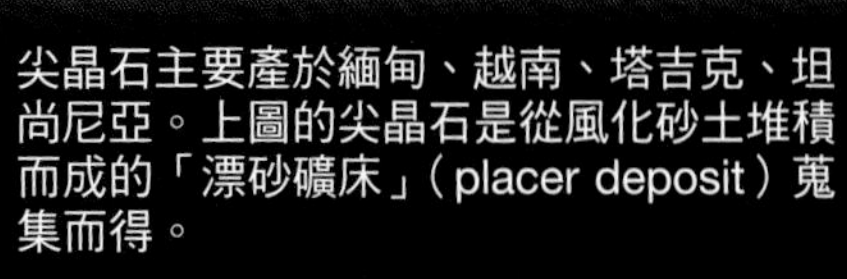
尖晶石主要產於緬甸、越南、塔吉克、坦尚尼亞。上圖的尖晶石是從風化砂土堆積而成的「漂砂礦床」（placer deposit）蒐集而得。

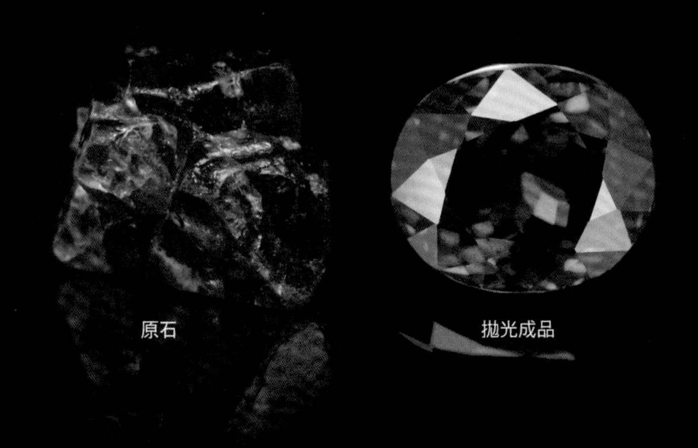
原石　拋光成品

尖晶石（Spinel）

DATA	
分類	氧化礦物
晶體外形	正八面體
顏色／條痕	無、紅等／白
硬度	$7\frac{1}{2}$～8
解理	無
比重	3.6
晶系	立方晶系
化學成分	$MgAl_2O_4$

藍色尖晶石

雖然名為黃玉 但有很多種顏色

很多地方都可以開採到黃玉（又稱托帕石），例如偉晶岩礦床、熱液礦床、交代礦床※。黃玉會依氟（F）、羥基（OH）的含量與其他微量元素（例如錳）呈現不同色澤，例如紅色或偏橘的粉色、藍色等。

無色黃玉在俗稱蘇聯鑽的立方氧化鋯（cubic zirconia）普及之前，一直都是鑽石的替代品。

天然的藍色黃玉數量稀少，至於市場上便宜的貨色，幾乎都是利用輻射或熱處理變色而成。輻射能量會改變電子運動，進而改變礦物吸收的光波長範圍（第18頁）。尤其像無色黃玉作為寶石的價值並不高，所以經常會進行輻射與熱處理加工，藉此改變成其他繽紛的色澤。

※某礦物接觸到岩漿揮發成分或熱液成分而改變自身成分的過程，稱作「換質作用」（metasomatism，又稱交代作用）。交代礦床即是指這種礦物構成的礦床，「矽卡岩礦床」也是其中一類。

雖然也有未經處理的天然藍色黃玉與粉色黃玉，但產量非常稀少，因為自然中羥基（OH）含量較高的黃玉長年曝曬在陽光下會漸漸褪色。

原石
（岐阜縣產）N

原石
（阿富汗產）P

黃玉晶體

發展良好的晶體可以看見縱向線條，具有水平方向的完全解理。

黃玉（Topaz）

DATA	
分類	島狀矽酸鹽礦物
晶體外形	柱狀
顏色／條痕	無、黃、褐／白
硬度	8
解理	完全
比重	3.4～3.6
晶系	斜方晶系
化學成分	$Al_2SiO_4(F, OH)_2$

專欄 COLUMN

黃玉的加工

無色黃玉的加工歷史始於1970年代，早期最受歡迎的是藍色黃玉，後來盛行帶有極光般幻彩的黃玉。這種黃玉的表面蒸鍍※了一層金屬鍍膜，不同角度展現的顏色各異（變彩），俗稱「彩虹黃玉」（rainbow topaz）、「神祕黃玉」（mystic topaz），不過這些都只是商品名稱。不只是黃玉，水晶和玻璃也會進行這種加工。

※物理蒸鍍（PVD）。

祖母綠是綠色綠柱石 海藍寶石是藍色綠柱石

綠柱石是以鈹為主成分的柱狀礦物，晶體呈現透明或半透明，除了綠色之外還有藍色、粉色等種類。

作為寶石的藍色綠柱石稱為海藍寶石（aquamarine），粉色綠柱石則稱為紅綠柱石（morganite，又稱摩根石）。祖母綠的綠色來自綠柱石成分中的鉻、釩，若含有微量的鐵便會呈現水藍色，含錳則會呈現粉色。此外，亦有少數呈現紅色或黃色的綠柱石。

綠柱石產自偉晶岩和結晶片岩，過去主要產自南美洲的哥倫比亞，但進入20世紀以後，尚比亞等非洲國家的產量也不少。

拋光後的海藍寶石

海藍寶石晶體

浸染處理與熱處理

某些天然寶石的原石性質上容易帶有裂痕、破損等瑕疵，因此會視情況進行處理修飾，使其更加美麗。像祖母綠大多進行過「浸染處理」。浸染方式主要有二：使用蠟或油的「優化」（enhancement），和使用樹脂、鉛玻璃的「處理」（treatment）。天然寶石即使經過浸染處理，仍視為天然寶石。另外，有些帶褐色的海藍寶石也會透過熱處理加工成漂亮的藍色。

祖母綠
（哥倫比亞產）P

照片為方解石脈中的綠柱石晶體。綠柱石會根據產狀呈現不同的顏色與光輝，例如部分與雲母一同形成的晶體可能包裹著黑雲母。

拋光後的祖母綠

綠柱石（Beryl）

DATA	
分類	環狀矽酸鹽礦物
晶體外形	六角柱狀
顏色／條痕	無、綠、水藍色等／白
硬度	$7\frac{1}{2}$～8
解理	不明顯
比重	2.6～2.9
晶系	六方晶系
化學成分	$Be_3Al_2Si_6O_{18}$

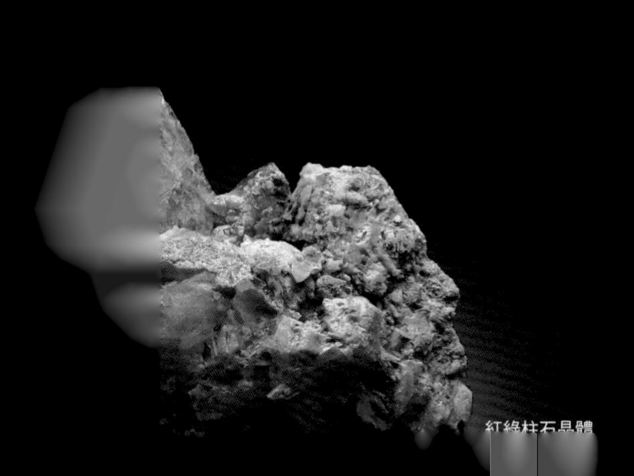

紅綠柱石晶體

顏色變化多端的電氣石

電氣石是以硼為主成分的矽酸鹽礦物，常見的透明美麗寶石「碧璽」就是電氣石。電氣石的英文「Tourmaline」源自斯里蘭卡僧伽羅語（Sinhala）的「Turmali」。

電氣石在正常狀態下為電中性，不過加熱後會產生電極，吸附塵埃※。此外，電氣石受到外部加壓也會產生電壓（下圖）。

電氣石群共有32種礦物，例如鈉鎂電氣石（dravite）、鎂鈣電氣石（feruvite）等。

電氣石的顏色多變，幾乎「什麼顏色都有」，也有一個晶體中同時出現兩、三種顏色的雙色、多色的稀有電氣石。

※加熱時晶體兩端分別產生正負電荷的現象，稱作熱電性（pyroelectricity）。

原石（巴基斯坦產）P

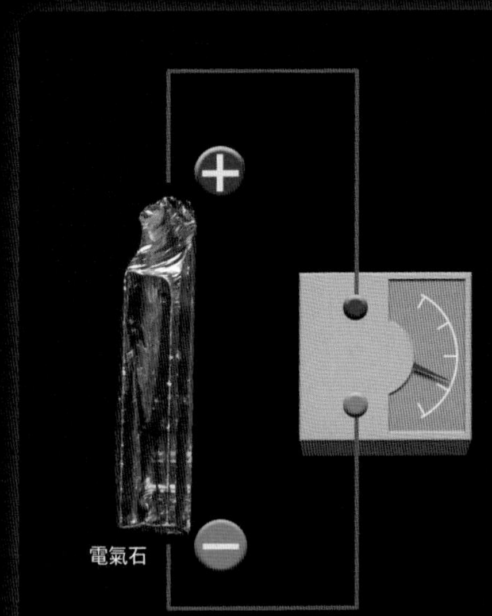

加壓產生的電

18世紀，法國物理學家居禮[※1]（Pierre Curie，1859～1906）發現對電氣石和石英加壓會產生電位差，而反過來對電氣石和石英通電，礦物會產生振動。這項原理催生出石英振盪器（crystal oscillator），廣泛應用於石英錶和數位電路[※2]。

※1：輻射研究學者瑪麗·居禮（居禮夫人）的丈夫。
※2：名為「壓電效應」（piezoelectric effect）。

（莫三比克產）P

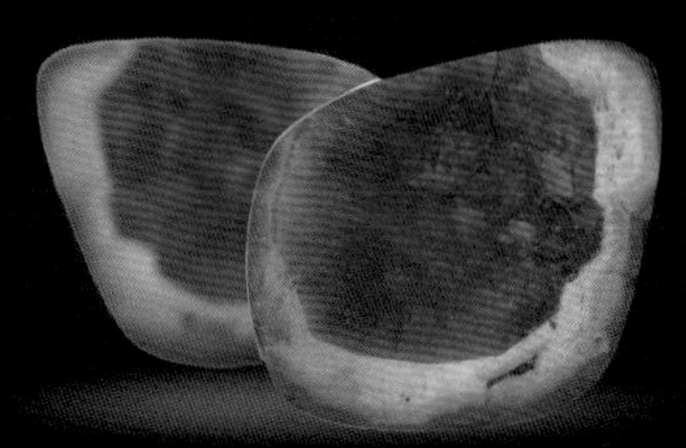

西瓜電氣石的原石

西瓜電氣石的拋光成品

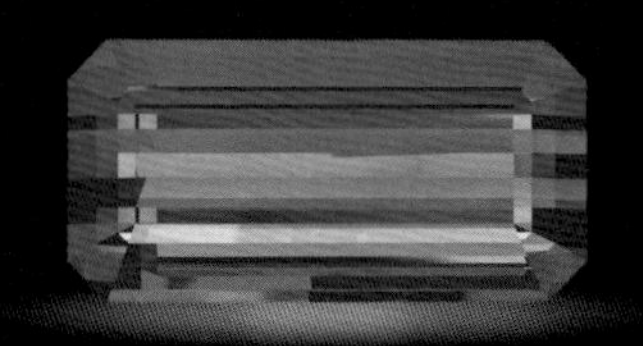

有各種顏色的電氣石

電氣石群中最常加工成寶石的種類是鋰電氣石（elbaite），英文名稱源自義大利厄爾巴島（Elba）。電氣石幾乎什麼顏色的種類都有，有紅色、橘色、黃色、綠色、藍色、紫色，至於擁有紅綠雙色的晶體又稱作「西瓜電氣石」。

電氣石（Tourmaline）

DATA	
分類	環狀矽酸鹽礦物
晶體外形	柱狀
顏色／條痕	綠、粉紅等／白
硬度	$7 \sim 7\frac{1}{2}$
解理	不完全
比重	2.9 ~ 3.2
晶系	三方晶系
化學成分（以鋰電氣石為例）	$Na(Al_{1.5}Li_{1.5})Al_6(Si_6O_{18})(BO_3)_3(OH)_4$

擁有超過30種礦物的石榴石群

石榴石晶體多呈現二十四面體或十二面體，形似石榴果粒，故英文名稱源自拉丁語中意謂著種子的「granatum」。

原子排列相同但主成分不同（如鐵、鎂）的石榴石共有14種，統稱「石榴石群」。如果再加上矽被其他元素取代的類型，則總共有超過30種不同的石榴石※1。以下介紹其中4種。

石榴石的顏色從紅到暗橘色、綠色都有，但沒有藍色或紫色※2。第80頁介紹的綠色石榴石在分類上屬於鈣鋁榴石。日本也有出產帶虹彩的彩虹榴石（rainbow garnet）。

※1：分類上稱作「石榴石超群」。

※2：有紫紅色的玫瑰榴石（rhodolite）。

主成分為鐵和鋁

鐵鋁榴石（Almandine）

原石

拋光成品

主成分為鎂

鎂鋁榴石（Pyrope）

原石

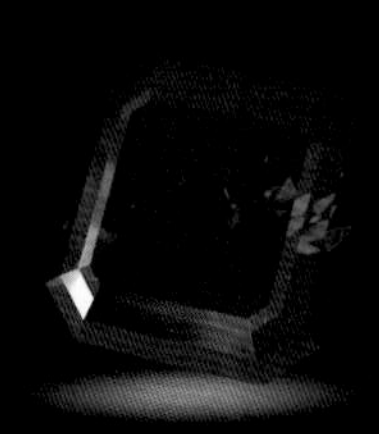

拋光成品

鐵鋁榴石
（山梨縣產）N

主成分為錳

錳鋁榴石（Spessartine）

錳鋁榴石

閃耀著虹彩的「彩虹榴石」

彩虹榴石是一種鈣鐵榴石（andradite），由於鐵含量較高與鋁含量較高的兩種構造層交錯堆疊，使光通過時產生干涉現象，所以表面看起來彷彿帶著虹彩。1940年代起，美國和墨西哥開始產出彩虹榴石，只是數量稀少，後來慢慢從市場上銷聲匿跡，成了「夢幻的石榴石」。2004年日本奈良縣開採到彩虹榴石而蔚為話題。右方照片便是奈良縣天川村開採到的彩虹榴石。

（奈良縣產）P

各式各樣的石榴石

在石榴石群中，鐵鋁榴石的產地與產量都特別多，大多產自偉晶花崗岩和區域變質岩。鎂鋁榴石的名稱「Pyrope」在希臘語中意指如火焰燃燒般的紅色；錳鋁榴石的「Spessartine」源自德國地名；鈣鋁榴石的「Grossular」則是演變自「黑醋栗」。

拋光成品

主成分為鈣

鈣鋁榴石（Grossular）

原石

鈣鋁榴石

石榴石（Garnet）

DATA	
分類	島狀矽酸鹽礦物
晶體外形	十二面體、二十四面體
顏色／條痕	紅褐等／白
硬度	$7 \sim 7\frac{1}{2}$
解理	無
比重	3.6～4.3
晶系	立方晶系
化學成分（以鐵鋁榴石為例）	$Fe_3Al_2(SiO_4)_3$

石英①
透明的石英稱作「水晶」

石英是由矽（Si）和氧（O）組成，這兩種元素和鐵（Fe）、鎂（Mg）是地球含量最多的幾種元素。

河岸或海岸等處經常能發現小顆（砂狀或礫狀）的石英，原本只有透明的石英可以稱作「水晶」，不過現在凡是能看出明顯晶形的石英也可以稱作水晶。

石英既可以加工成珠寶飾品，也有工業方面的用途。

水晶和玻璃的外觀看起來十分相似，不過一般玻璃的原料為矽砂，且製作過程會加入碳酸鈉，故名為「有鹼玻璃」。另一方面，熔融石英製成的玻璃稱作「石英玻璃」，為半導體的必要材料。

石英晶體外形多變，有的晶瑩無瑕，有的因為含有雜質而呈現不同色彩，也有一群由晶體聚集而成的石英團塊。下一節會介紹由於不同雜質而呈現各種色澤的變種石英。

包覆著金紅石的石英

內包針狀「金紅石」（rutile）的水晶俗稱「鈦晶」，因為金紅石是二氧化鈦的晶體。

原石

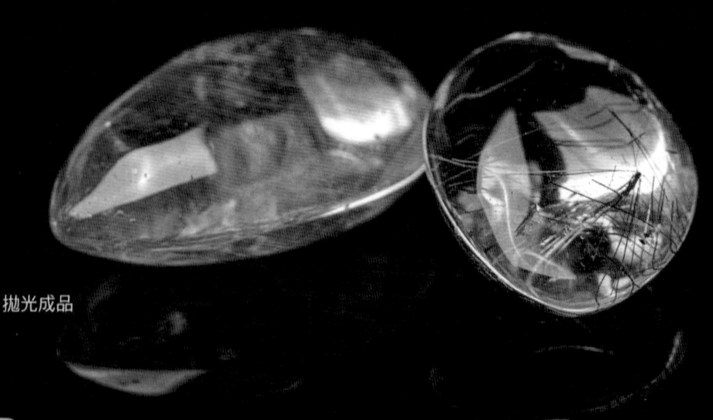

拋光成品

水晶

古希臘人將無色透明的石英晶體誤認為冰塊而稱之為「crystal」，也就是現在一般說的「水晶」（rock crystal）。

DATA	
分類	架狀矽酸鹽礦物
晶體外形	六角柱狀
顏色／條痕	無、粉紅等／白
硬度	7
解理	不明顯
比重	2.7
晶系	三方晶系
化學組成	SiO_2

石英②
紫水晶與虎眼石

石英可依其內含雜質的差異區分成幾個變種。

石英含鐵會變成紫色的「紫水晶」，含鈦則會形成粉色的「薔薇石英」。

「煙晶」含有微量的鋁，受自然輻射作用而顯現黑褐色。

「黃水晶」為黃色的石英，名稱源自法文中指稱黃檸檬的「Citron」，因成分中含鐵而呈現黃色。天然黃水晶的產量相當稀少，市場上的黃水晶大多都是紫水晶加熱後變色而成。至於「虎眼石」則是矽酸鹽滲入石英內某種纖維狀角閃石，使成分中的鐵氧化變成黃褐色的產物。

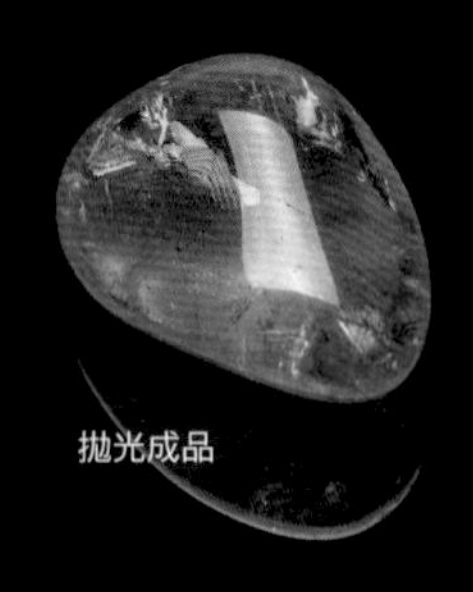

拋光成品

含鐵

紫水晶（Amethyst）

原石
（巴西產）P

含鋁和鈦

薔薇石英（Rose quartz）

原石

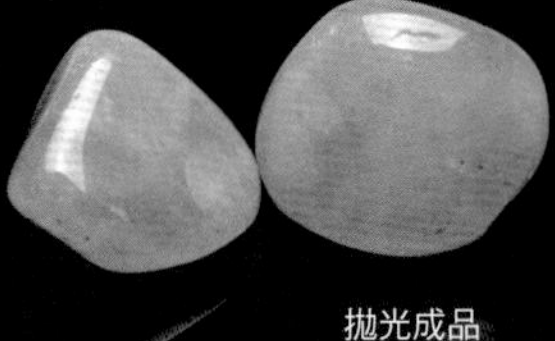

拋光成品

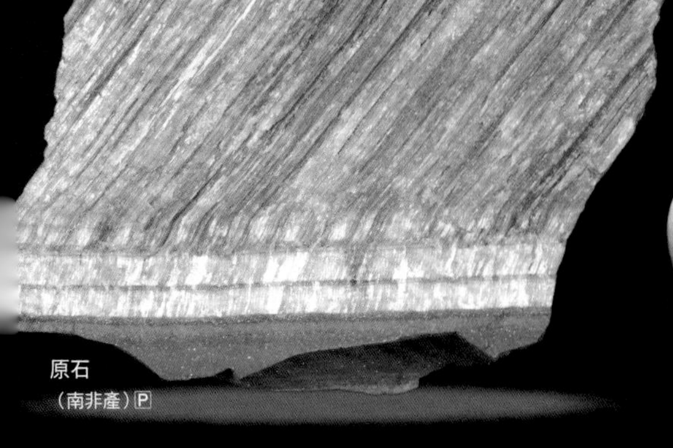

原石
（南非產）P

矽酸鹽滲入角閃石使鐵氧化

虎眼石（Tiger's eye／Tiger eye）

拋光成品 P

晶體

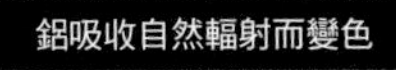

鋁吸收自然輻射而變色

煙晶（Smoky quartz）

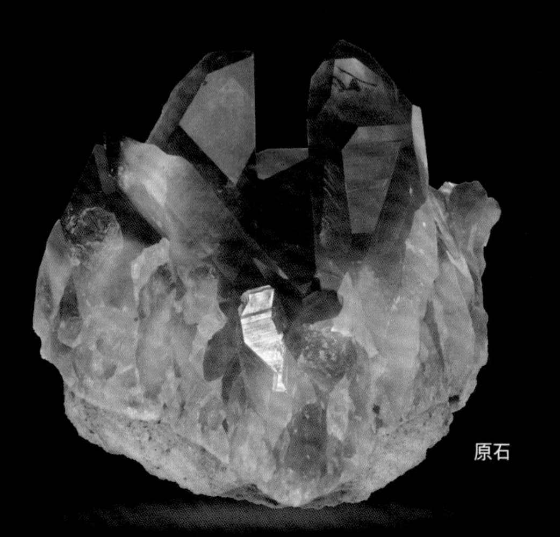

原石

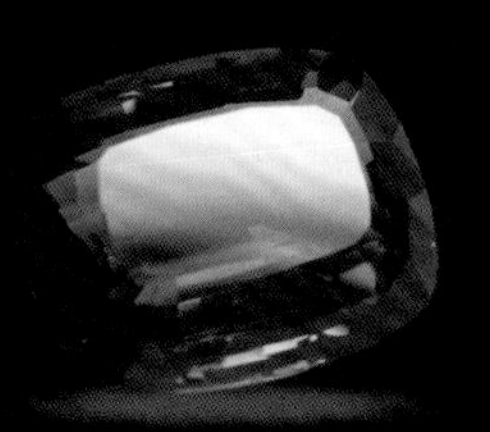

拋光成品

含有三價鐵

黃水晶（Citrine）

拋光成品

原石

石英③
緻密石英集結而成的「玉髓」

「玉髓」是一大群以石英為主成分的緻密晶體集合體，這些晶體尺寸小於1微米，肉眼無法辨別。這種細小晶體稱作「隱晶質」，大多會聚集成葡萄狀、乳房狀、鐘乳石狀等形式的集合體。

玉髓外貌多為透明或半透明，不透明且含有較多雜質者稱作「碧玉」，擁有條紋狀紋路者稱作「瑪瑙」。

瑪瑙常於火山岩岩漿冷卻時的氣泡（空洞）內形成大塊晶體，或是低溫熱液中的成分在火山岩、沉積岩的縫隙沉澱形成。後來鐵成分滲入，便形成了不同顏色的條紋狀紋路。若矽酸鹽含水而無法形成晶體時，就會形成蛋白石。

微細石英的集合體
玉髓（Chalcedony）

玉髓也有綠色、橘色等，不過寶石界的玉髓多半是指白灰色中帶藍的模樣。綠色玉髓稱為「綠玉髓」（chrysoprase）；橘紅色玉髓稱為「紅玉髓」（carnelian）。

拋光成品

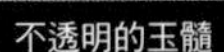

不透明的玉髓

碧玉（Jasper）

含有較多雜質（主要為氧化鐵）而呈現不透明狀。顏色以紅褐色居多，偶有黃褐色、灰褐色、黑褐色等。所含雜質愈多則比重愈重。

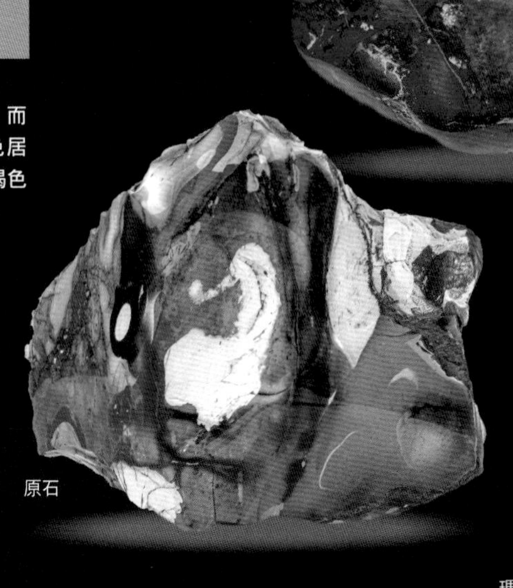

原石

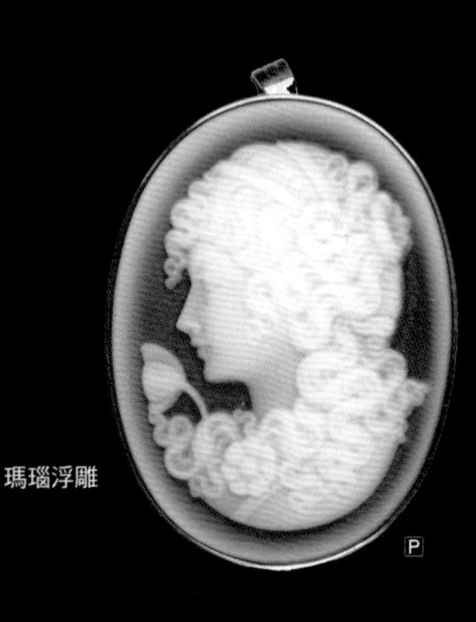

瑪瑙浮雕

P

條紋狀的玉髓

瑪瑙（Agate）

瑪瑙的條紋顏色多變，未經人工處理也相當鮮豔，不過其結構多孔而容易染色，因此經過人工染色的瑪瑙也不少。常做成珠子、浮雕飾品。「苔紋瑪瑙」（moss agate）則是一種內含苔蘚般樹枝狀礦物的瑪瑙。

拋光成品

原石
（茨城縣產）P

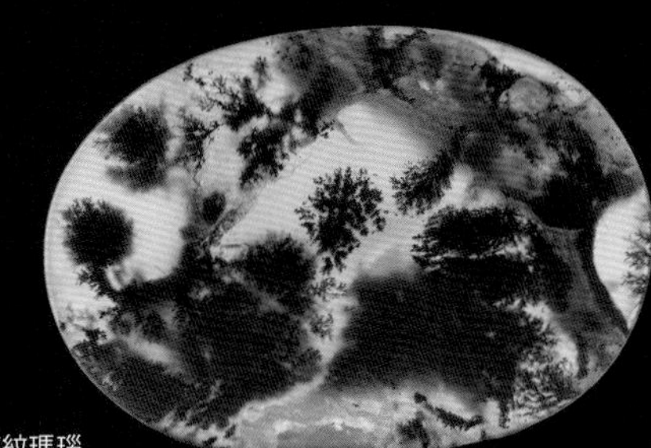

苔紋瑪瑙

拋光成品

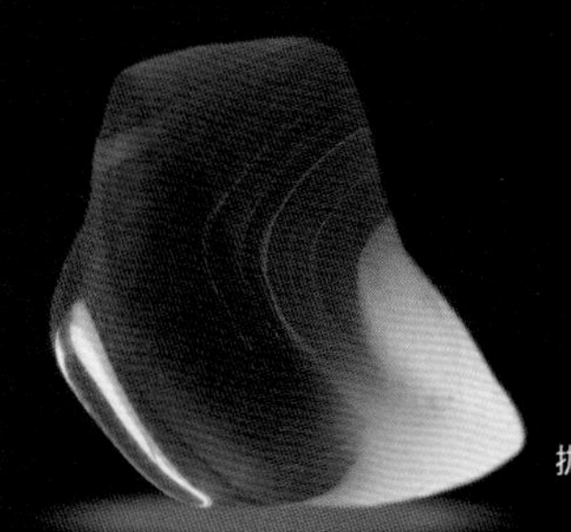

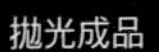

拋光成品

玉和翡翠既是礦物也是岩石

寶石界稱的翡翠並非礦物，而是以「輝玉」晶體集合體構成的岩石。輝玉產自板塊的「隱沒帶」。至於寶石等級的翡翠是如何生成，目前多認為是參與橄欖石蛇紋岩化作用（詳見第51頁）的「熱液」沉澱形成。

人們對翡翠的印象往往是綠色，這種翠綠源自輝玉成分中微量的鐵和鉻，沒有包裹體的輝玉其實是白色。翡翠的色相豐富，包含紫色的「紫羅蘭翡翠」，從紅色、橘色、黃色、藍色，乃至於含碳而呈現黑色的「黑翡翠」都有。

珠寶飾品所稱的玉多指軟玉，翡翠則是硬玉。軟玉的主成分為透閃石（tremolite）和陽起石（actinolite）等角閃石類礦物，因此也稱為閃玉（nephrite）。

中國與古美洲文明等都將玉奉為尊貴的礦物，日本繩文時代也相當珍視玉。2016年日本礦物科學會甚至將其選為日本的「國石」。

翡翠（硬玉）
（新潟縣產）P

P 拋光成品

輝玉（Jadeite）

DATA	
分類	鏈狀矽酸鹽礦物
晶體外形	塊狀
顏色／條痕	白、綠、紫等／白
硬度	6～7
解理	良好
比重	3.2～3.4
晶系	單斜晶系
化學組成	$NaAlSi_2O_6$

綠色的玉

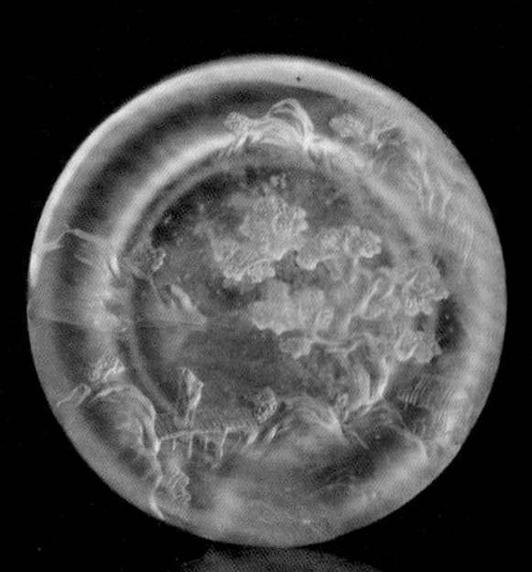
無色的玉

橘色的玉

玉有各種顏色，透明度也不一，從珠寶飾品到日用品都有玉的蹤影。通常透明度愈高則品質愈好，而透明度極高的玉又稱「琅玕」，在國際上俗稱「帝王玉」（Imperial Jade），備受推崇。

專欄 COLUMN

「硬玉」和「軟玉」其實不一樣

硬玉（輝玉）是輝石，軟玉（閃玉）則是角閃石。但由於兩者外觀相似，都是綠色，因此以往歐洲將兩者混為一談，同稱為玉（jade）。後來隨著技術進步，1863年法國礦物學家達穆爾（Alexis Damour，1808～1902）才證實是不同礦物。中國古代視如珍寶的玉為軟玉，古美洲文明崇尚硬玉；至於日本自古以來稱的「翡翠」則是硬玉。軟玉的產地較廣泛，硬玉則主要產自日本、緬甸、瓜地馬拉等地。

閃玉（軟玉）

SECTION 44

Spodumene

鋰輝石

粉色的鋰輝石「孔賽石」

「孔賽石」(kunzite，又稱貴鋰輝石)是一種「鋰輝石」，主成分為鋰。在寶石界，含錳的粉色種類稱作孔賽石，含鉻的綠色種類稱作翠綠鋰輝石(hiddenite)，含鐵的黃色種類稱作黃鋰輝石(triphane)。

構成岩石的成分礦物稱作「造岩礦物」，而輝石(pyroxene)為火成岩和變質岩的代表造岩礦物，其名稱在希臘語中意指「火／火成岩(pyro-)中的異物(xene)」，因為人們最早是於火成岩中發現輝石。

輝石群擁有不少具備玻璃光澤的礦物，這些礦物可概分成「直輝石」(斜方晶系)與「斜輝石」(單斜晶系)，而鋰輝石屬於斜輝石。

鋰輝石主要產自偉晶岩，是精煉鋰的重要原料礦物，透明的晶體也可以加工成寶石。鋰經常用於製作電池相關產品和陶瓷、玻璃的添加劑(詳見第七章)。

輝石群的兩大類別

輝石群是擁有超過20種成員的大家族，可依晶系區分成直輝石與斜輝石兩大類。

輝石群

直輝石

直輝石還包括鐵輝石(ferrosilite)、易變輝石(pigeonite)等礦物。

頑火輝石(enstatite)(佐賀縣產)P

普通輝石(宮城縣產)P

解理發達的寶石

孔賽石這個名稱源自於蒂芬妮的寶石鑑定師孔賽（George Kunz，1856～1932）。孔賽石具有多色性（pleochroism），不同角度可以看到不同顏色。此外，產地環境也會影響成色，比如暴露於紫外線中會導致褪色。孔賽石解理發達，是切割難度數一數二的寶石。

原石
（阿富汗產）P

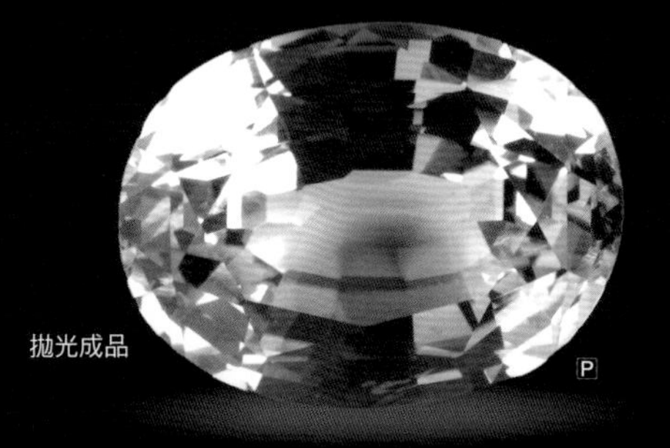

拋光成品 P

斜輝石

還包括透輝石（diopside）、鈣鐵輝石（hedenbergite）、錳鈣輝石（johannsenite）、輝玉（jadeite）等。

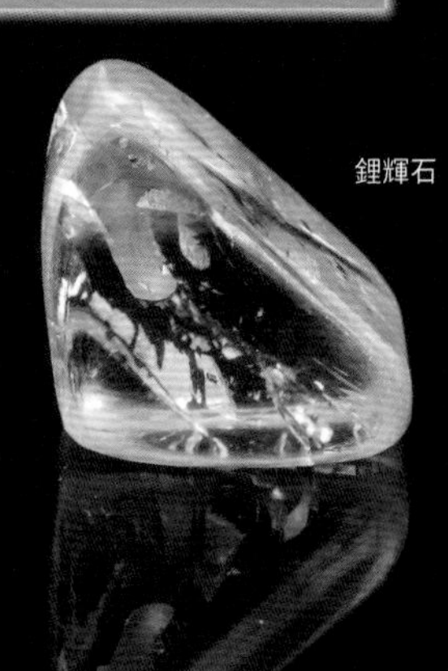

鋰輝石

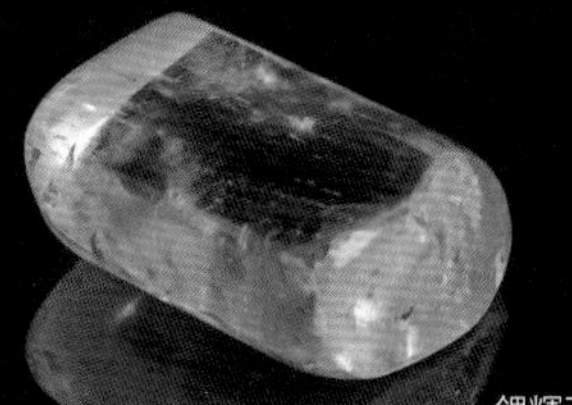

鋰輝石

鋰輝石（Spodumene）

DATA	
分類	鏈狀矽酸鹽礦物
晶體外形	柱狀
顏色／條痕	無、粉紅等／白
硬度	$6\frac{1}{2}$～7
解理	良好
比重	3.0～3.2
晶系	單斜晶系
化學組成	$LiAlSi_2O_6$

唯有藍色的黝簾石才能稱作「坦桑石」

坦桑石（tanzanite）是一種在礦物分類上屬於「黝簾石」的寶石。黝簾石是成分含鈣、鋁等的含水矽酸鹽礦物，其細長狀晶體聚集起來宛如一道簾子，故名稱中有個「簾」字。黝簾石的同類還有「綠簾石」（epidote）、含錳而呈現紅色的「紅簾石」（piemontite），而綠簾石的鐵含量較高。

透明度高且美麗的黝簾石可以製成寶石。1960年代才在東非坦尚尼亞發現黝簾石作為寶石的價值，時間點算是相對較晚。蒂芬妮將其取名為「坦桑石」，這個名稱也在2018年成為日本正式認證的寶石名稱※。

坦桑石的湛藍色勝過藍寶石，令許多人為之傾倒，不過絕大多數的坦桑石都經過加熱處理增色。褐色的黝簾石加熱過後，也會變成藍色。此外，寶石市場上也能看到一些不透明的黝簾石，比方說「紅寶黝簾石」（anyolite，又稱紅綠寶石）、「玫瑰黝簾石」（thulite，又稱錳黝簾石）。

※認證單位為日本寶石鑑別團體協議會（AGL）。

不透明的黝簾石

不透明且含有紅寶石的綠色黝簾石稱作「紅寶黝簾石」。英文名稱anyolite源自馬賽族語中指稱綠色的「anyoli」。此外，還有粉色且不透明的「玫瑰黝簾石」。

玫瑰黝簾石（原石）

紅寶黝簾石（拋光成品）

紅寶黝簾石（原石）

坦桑石

只有藍色的黝簾石才稱作坦桑石，其優美的藍色和紫色來自成分中含有釩。坦桑石具有多色性，不同角度可以欣賞到不同色澤。

黝簾石

黝簾石的英文名稱取自其發現者 — 斯洛維尼亞的貴族科學家佐伊斯（Sigmund Zois，1747～1819）。雖然黝簾石早在1805年便於奧地利發現，但當時僅當成礦物，直到1960年代才發現足以製成寶石的種類。

P
拋光成品

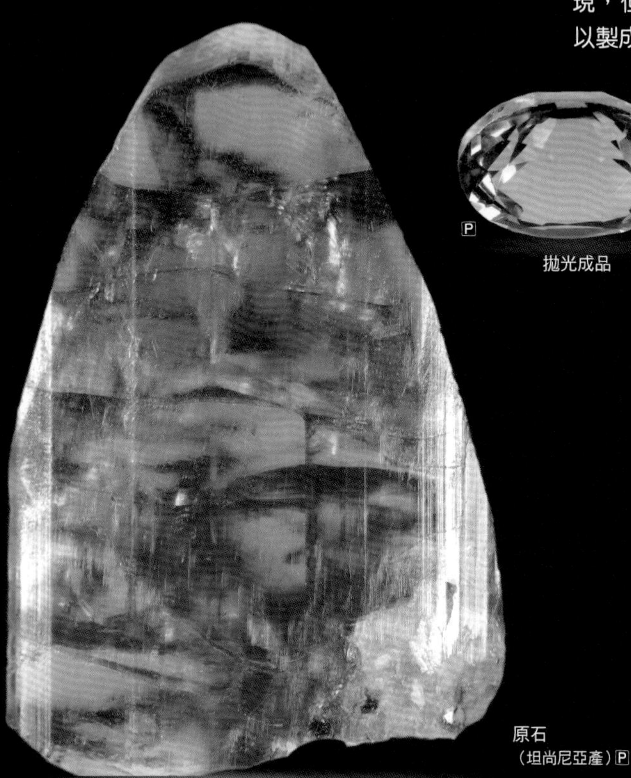

原石
（坦尚尼亞產）P

黝簾石（Zoisite）

DATA	
分類	雙島狀矽酸鹽礦物
晶體外形	平板柱狀
顏色／條痕	白、靛、紫等／白
硬度	6～7
解理	完全
比重	3.2～3.4
晶系	斜方晶系
化學組成	$Ca_2Al_3(Si_2O_7)(SiO_4)O(OH)$

出產多樣寶石的長石群

火成岩是構成地殼的主要岩石，而長石是火成岩的造岩礦物。

長石群擁有超過20種礦物，主成分為矽酸鹽和鋁，且如右頁圖所示可依鉀、鈉、鈣的含量概分成「鹼性長石」（alkali feldspar，鉀長石與鈉長石的統稱）以及「斜長石」（plagioclase）。斜長石按照鈉和鈣的元素含量多寡與化學成分，可以進一步分成好幾種不同名稱的長石※。

純淨的長石沒有顏色，但是經常由於雜質及包裹體呈現各式各樣的色彩，因此長石家族出產不少寶石。

正長石與鈉長石成薄片狀交疊，而且帶有閃光（schiller）的種類稱作「月長石」（moonstone）；呈現青綠色的微斜長石（microcline）稱作「天河石」（amazonite）；含有細小赤鐵礦等包裹體的種類稱作「日長石」（sunstone）；還有一種光澤鮮豔的中鈣長石稱作「拉長石」（labradorite）。

下一節會介紹各種長石群的寶石。

※過去分成六種類別，現在簡化成鈉長石和鈣長石這兩種。

長石家族的代表

正長石是長石群中的代表，也是摩氏硬度 6 的基準礦物。正長石含有大量的鉀，主要產自花崗岩和偉晶岩。

正長石
（大阪府產）P

正長石（Orthoclase）

DATA	
分類	矽酸鹽礦物
晶體外形	四角柱狀等
顏色／條痕	白、灰等／白
硬度	6
解理	完全
比重	2.6
晶系	單斜晶系
化學組成	$KAlSi_3O_8$

長石群種類分布圖

含較多鉀者為「鉀長石」，含較多鈉者為「鈉長石」，兩者又統稱為「鹼性長石」。斜長石有許多礦物性質介於「鈉長石」與含鈣量較高的「鈣長石」之間，過去共分成六種類別。補充一點，本圖的右側部分不存在長石類礦物。

正長石 P

微斜長石
（挪威產）P

鈉長石
（埼玉縣產）P

奧長石
（挪威產）P

鈣長石
（北海道產）P

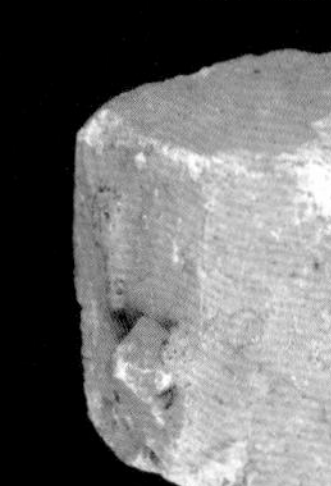

月長石、天河石等長石家族的寶石

長石的成分會大幅影響外觀的色調與光澤，因而盛產千變萬化的寶石，多到令人難以想像這些全部屬於長石群。

擁有月光般乳白色光輝的「月長石」為正長石的變種；不同角度下可以欣賞到不同顏色的「中鈣長石」也是長石的一員。除此之外，長石的光澤也很多變，例如「日長石」內含的銅或赤鐵礦等會反射光源，形成獨特光澤；有些長石也會因其特殊結構產生光干涉現象，形成「閃光」。

鹼性長石

正長石（Orthoclase）

月長石

含有鈉長石的正長石。鈉長石層較厚時會呈現白色，較薄時則更偏向藍色。藍色月長石俗稱「藍月光石」。

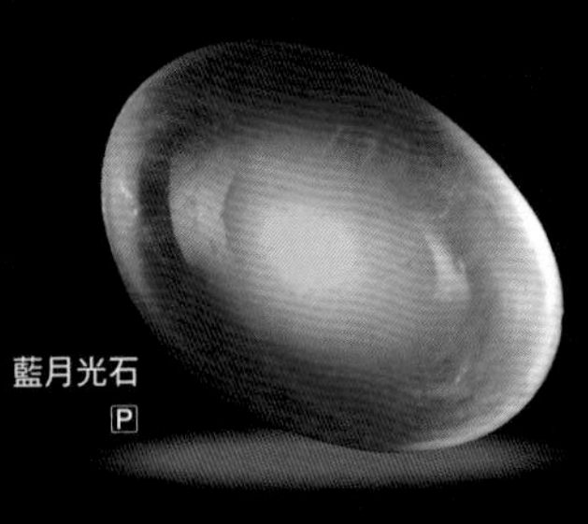
藍月光石 P

月長石（富山縣產）P

微斜長石（Microcline）

天河石

因成分含鉛而呈現青綠色，質地透明～半透明的微斜長石。天河石的名稱雖源自南美洲的亞馬遜河，但亞馬遜並非產地。天河石除了製成寶石，也是陶瓷的原料。

P 拋光成品

原石（挪威產）P

閃光

若正長石與鈉長石層層交錯，便會造成光干涉現象，使礦物看起來散發藍白色的閃光（右方照片的藍白色發光部分）。

月長石原石

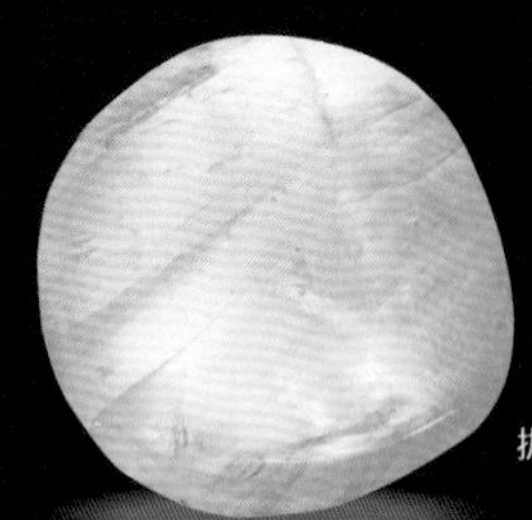
拋光後的月長石

斜長石

奧長石（Oligoclase）

日長石

內含自然銅、赤鐵礦的長石。這些包裹體會反射出繽紛的光輝，且顏色豐富，從無色到紅、黃、綠都有。

包裹體閃爍的原石
（挪威產）P

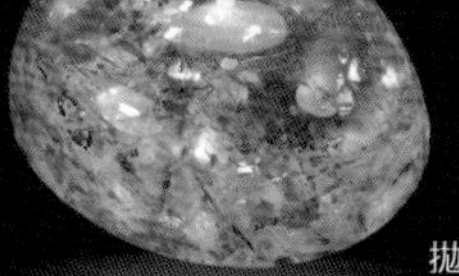
拋光成品

中鈣長石（Labradorite）

拉長石

含有較多鈉的鈣長石，名稱來自其發現地 —— 加拿大的拉布拉多（Labrador）海岸。拉長石具有「閃光變彩」（labradorescence）的性質，不同角度可以觀察到不同色彩。其中，光彩鮮豔的芬蘭產拉長石又以「光譜石」（spectrolite）為商品名在市場上流通。

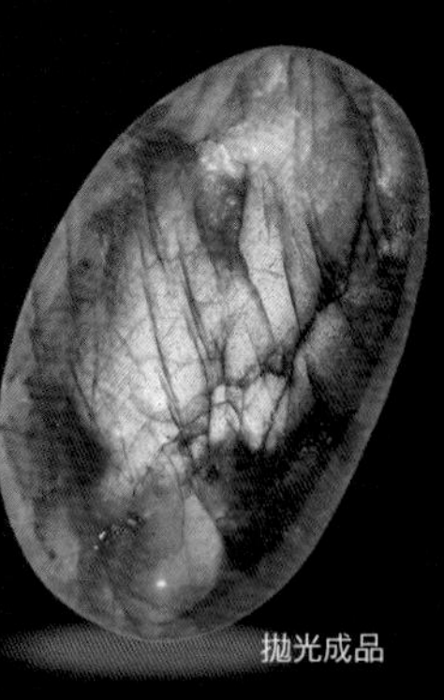
拋光成品

原石

黑色的寶石 黑曜石與赤鐵礦

黑色寶石素有「悼念寶石」(mourning jewelry)之稱，較知名的種類如赤鐵礦、黑曜石（正式名稱為黑曜岩）、煤玉（jet）。

赤鐵礦是一種氧化礦物，其紅褐色～黑色色澤來自氧化鐵。赤鐵礦不只可以做成顏料，漂亮的晶體還可以加工成寶石。

黑曜岩是岩漿急速冷卻時形成的玻璃質岩石，古代經常用於槍頭和刀刃，現代則多加工製成土壤改良劑。漂亮的晶體可以製成寶石，稱為黑曜石。

過去大多只會在喪禮配戴黑色寶石，但現在已經是不分場合的日常穿戴了。除此之外，其他種類的礦物也可以製成黑色寶石，例如黑鑽石、黑瑪瑙、黑色尖晶石。

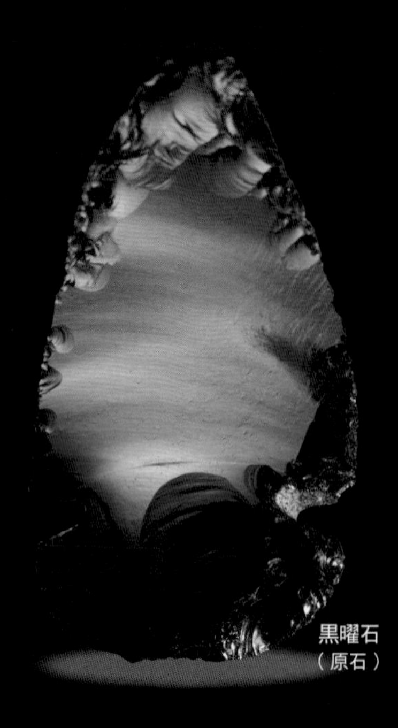
黑曜石（原石）

黑曜石

黑曜岩屬於火山岩，一般稱為「黑曜石」。英文名稱取自發現者歐布希烏斯（Obsius）。黑曜岩為玻璃質岩石，含有白色斑晶的種類稱作「雪花黑曜石」(snowflake obsidian)。

雪花黑曜石（原石）

黑曜石（拋光成品）

雪花黑曜石（戒指）

赤鐵礦（寶石）

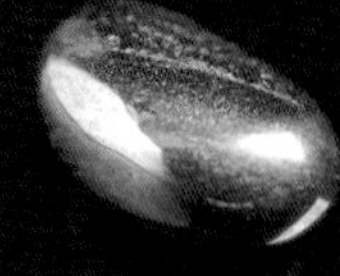
赤鐵礦
（拋光成品）

赤鐵礦（Hematite）

DATA	
分類	氧化礦物
晶體外形	板狀、葉片狀
顏色／條痕	紅褐、黑／紅褐
硬度	5～6
解理	無
比重	5.3
晶系	三方晶系
化學組成	Fe_2O_3

赤鐵礦
（原石）

煤玉

煤玉其實是樹木的化石，成分為碳。琥珀是樹脂的化石，煤玉則是樹木本身的化石。煤玉過去是搭配喪服的知名寶石之一。

閃爍著彩虹變彩的蛋白石

蛋白石的特徵在於搖曳的光彩，稱為「變彩」(play of color，或稱遊彩)。因外觀多為蛋白似的白濁色，故稱為「蛋白石」。

蛋白石是由矽（二氧化矽）和水構成的「非晶質」礦物。內部有許多肉眼看不見的細小球狀物規律排列，引發光干涉現象，形成變彩。這些球狀物的大小和我們觀察的角度都會影響反射出來的顏色，呈現彩虹色或某些特殊顏色。

擁有變彩者稱為「貴蛋白石」(precious opal)，不具變彩者則稱為「普通蛋白石」(common opal)。在貴蛋白石當中，基底色呈現藍色者稱作「玉滴石」(water opal)，橘色系者稱作「火蛋白石」(fire opal)，暗沉者則稱作「黑蛋白石」(black opal)。

蛋白石往往是低溫熱液於沉積岩或火山岩縫隙沉澱形成，也包含蛋白石化（opalization）的生物化石。

白蛋白石（拋光成品）P

白蛋白石（原石）
（衣索比亞產）P

蛋白石（Opal）

DATA	
分類	架狀矽酸鹽礦物
晶體外形	非晶質
顏色／條痕	無、白等／白
硬度	6
解理	無
比重	2～2.3
晶系	非晶質
化學組成	$SiO_2 \cdot nH_2O$

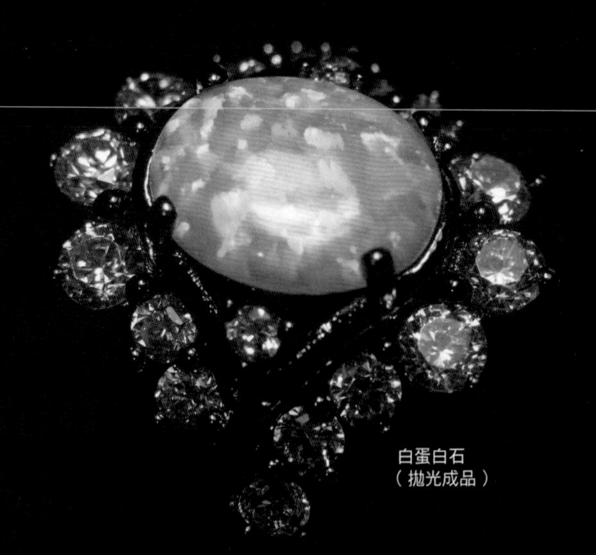

白蛋白石
（拋光成品）

貴蛋白石

乳白色的蛋白石是最廣為人知的種類，不過也有質地相當透明的蛋白石，或黑蛋白石這種基底顏色深沉而更襯變彩的種類。蛋白石含有許多水分，因此在乾燥環境下可能會產生裂痕、失去光澤。蛋白石的學名源自拉丁語中指稱珍貴寶石的「opalus」。

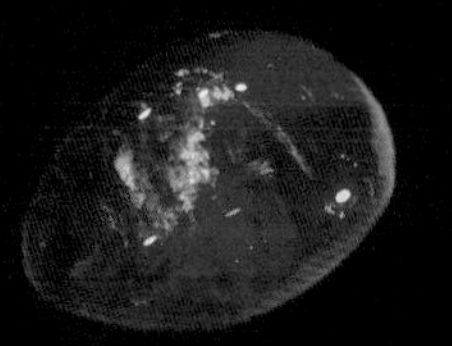

火蛋白石
（拋光成品）

玉滴石
（拋光成品）

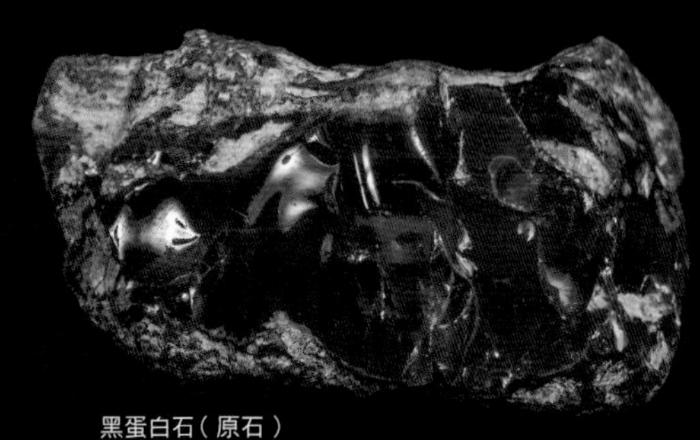

黑蛋白石（原石）

蛋白石的變彩

以電子顯微鏡觀察蛋白石，可見無數的球狀二氧化矽粒子排得整整齊齊。這些粒子層會引發光的干涉現象，當觀測角度改變時能看見不同的顏色。若二氧化矽粒子層之間的間隔不一、忽寬忽窄，則不會引發光干涉。

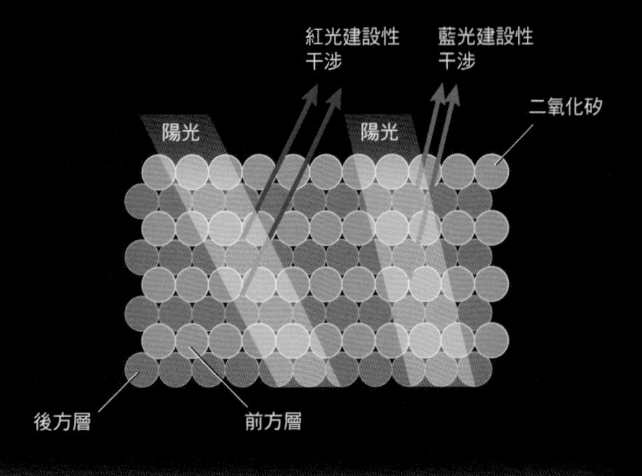

蛋白石化的化石

照片右為蛋白石化的雙殼貝。蛋白石化並非生物成分變質或被取代，而是蛋白石成分隨著地下水流入生物成分分解後留下的空洞，沉澱下來的結果。至於照片左邊的「斑彩石」並非蛋白石化的產物，而是表面包了一層薄薄的碳酸鈣，引發光的干涉現象。

斑彩石

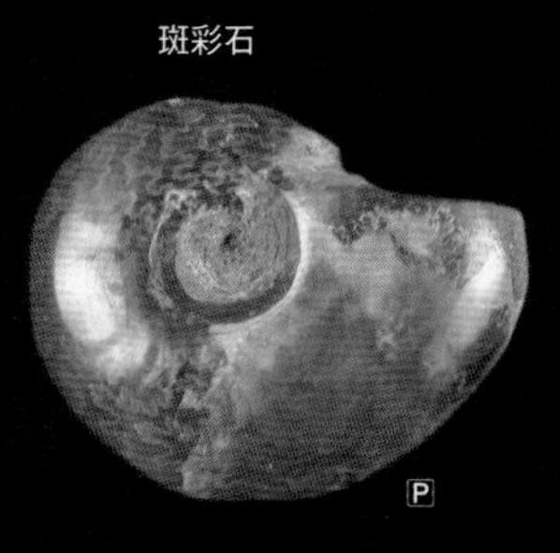

P

N

蛋白石化的雙殼貝

藍色不透明的綠松石與方鈉石

綠松石是含銅地下水與含有磷、鋁等成分的礦物反應所形成的磷酸鹽礦物，鐵含量愈多顏色愈偏綠，銅含量愈多則愈偏青色。

早在西元前，綠松石就被當作珠寶飾品。由於綠松石早期是從波斯（今伊朗）一帶經由土耳其傳入歐洲，所以又名為「土耳其石」。其學名「turquoise」在英文中也指稱一種顏色。

矽酸鹽礦物「方鈉石」也是廣為人知的藍色系不透明寶石，由於成分中含有大量的鈉而得名。「青金石」（lazurite）是方鈉石群的一員，在日本又稱作「琉璃」，除了加工製成珠寶飾品之外，古代也有將其作為顏料的原料使用。

青金岩與青金石

青金石的特色是深沉的藍色。不過青金岩（lapis-lazuli）除了青金石之外，還有藍方石（hauyne）、黝方石（nosean）和方鈉石等礦物。青金岩的名稱是由拉丁語的「石」（lapis）與波斯語的「青」（lazuli）組合而成，古埃及與巴比倫尼亞將其視為珍貴的寶石。某些含有黃鐵礦顆粒的青金岩會閃爍金色斑點。主要產地為阿富汗。

拋光成品
原石

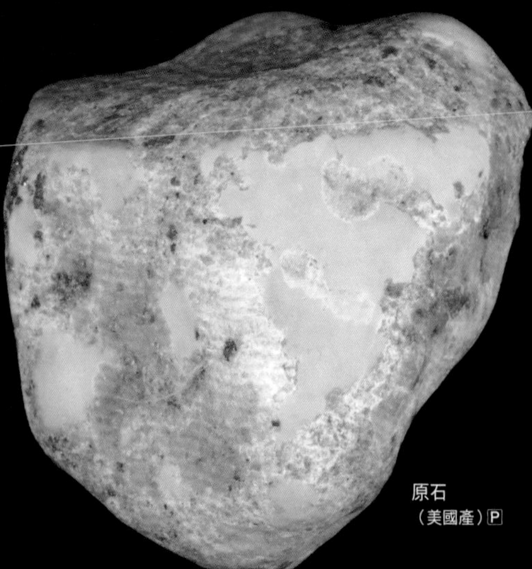

原石
（美國產）P

綠松石

使用歷史悠久的古老寶石之一，最早可追溯到古埃及文明。據說「土耳其石」這個名稱是在13世紀左右流傳開來。某些綠松石內含棕色的褐鐵礦與黑色的氧化錳，形成特殊花紋。

方鈉石

於二氧化矽含量較少的鹼性岩中形成。學名中的soda有鈉的意思。方鈉石的色調比青金岩暗沉。藍方石、青金石、黝方石都屬於方鈉石群。

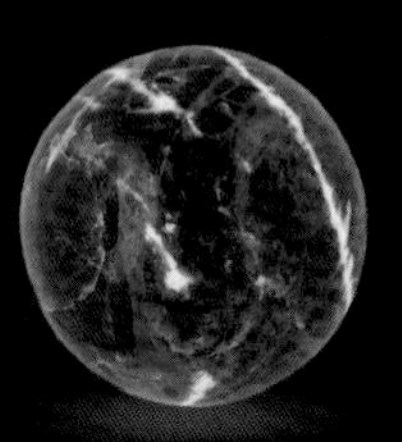

拋光成品

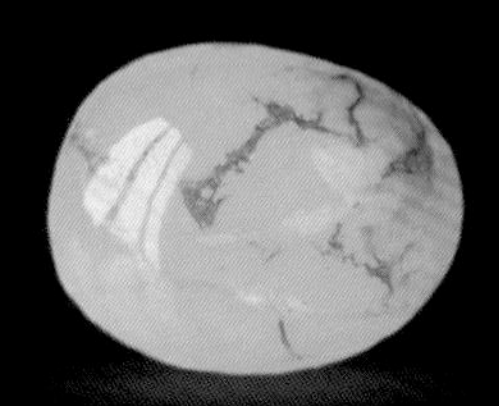

拋光成品

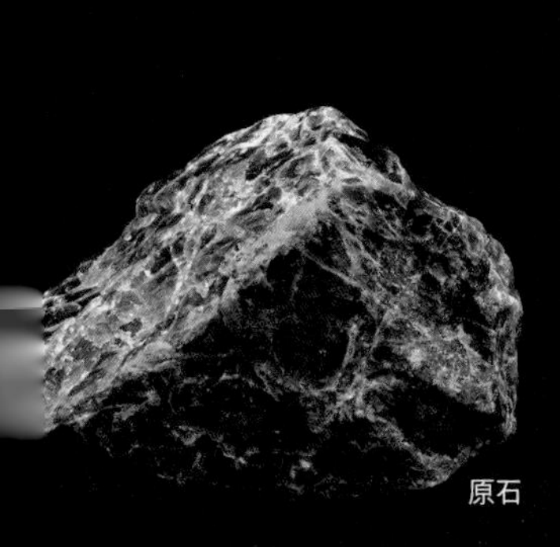

原石

方鈉石（Sodalite）

DATA	
分類	矽酸鹽礦物
晶體外形	塊狀
顏色／條痕	無、白、藍／白
硬度	$5\frac{1}{2}$～6
解理	不明顯
比重	2.3
晶系	立方晶系
化學組成	$Na_8Al_6Si_6O_{24}Cl_2$

綠松石（Turquoise）

DATA	
分類	磷酸鹽礦物
晶體外形	微小菱形板狀
顏色／條痕	青、青綠／白～淡綠
硬度	5～6
解理	明顯
比重	2.9
晶系	三斜晶系
化學組成	$CuAl_6(PO_4)_4(OH)_8 \cdot 4H_2O$

珊瑚是生物製造的寶石

珊瑚其實是由一群名為珊瑚蟲的刺絲胞動物聚集而成，並非礦物。話雖如此，珊瑚也是常見的寶石之一，故此處稍作介紹。

珊瑚有兩種：形成珊瑚礁的「造礁珊瑚」（hermatypic coral，以六放珊瑚為主），以及能製成寶石的「寶石珊瑚」（precious coral，以八放珊瑚為主）。造礁珊瑚棲息於光線可及的淺水區，寶石珊瑚則是於數百公尺深的海底緩慢成長，骨骼可以做成寶石。

寶石珊瑚可以分成「深紅珊瑚」、「桃紅珊瑚」、「白珊瑚」、「紅珊瑚」等，顏色根據種類不同而有所差異，珊瑚的骨骼顏色即寶石顏色。

珊瑚寶石是將原株切割成小球狀。再細緻琢磨加工而成。不過珊瑚的主成分為碳酸鈣（方解石），硬度低、不耐熱，而且怕酸，穿戴在身上容易受汗水侵蝕，因此某些珊瑚加工時會事先進行染色或以樹脂浸染。

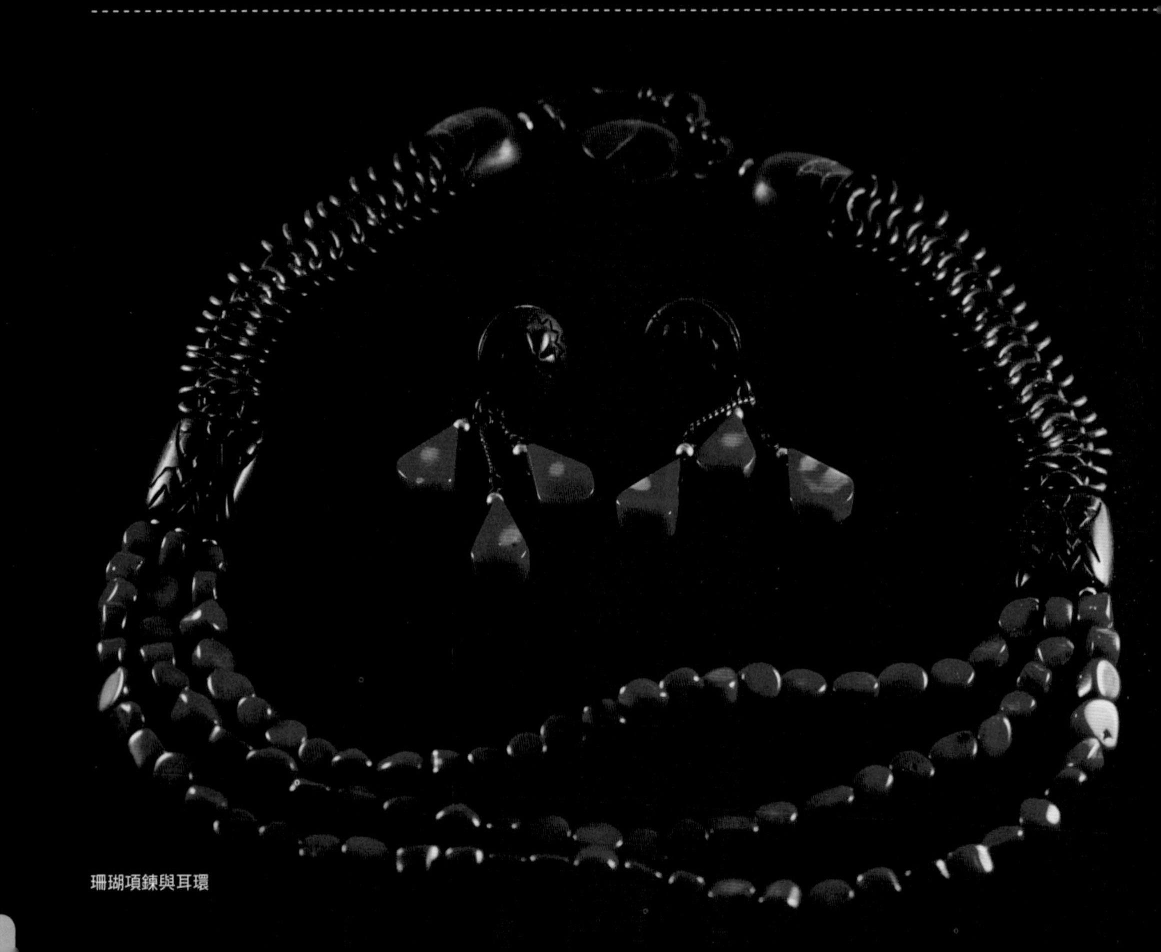

珊瑚項鍊與耳環

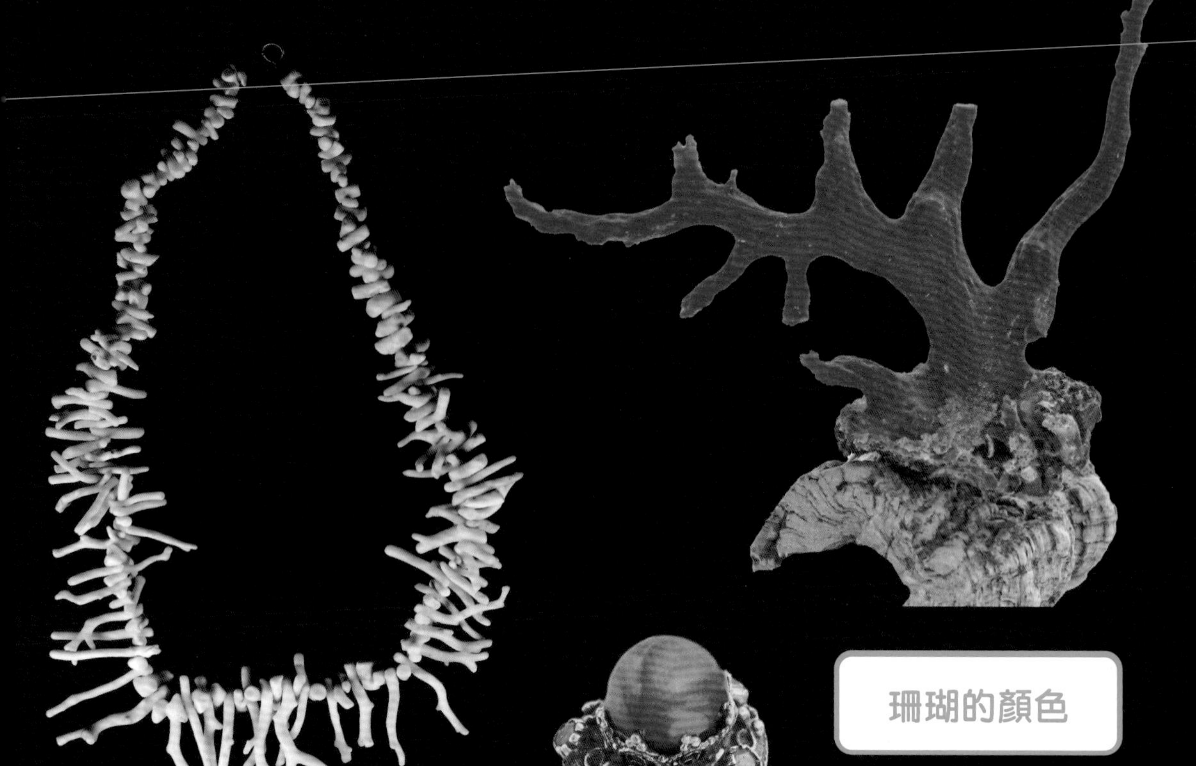

粉紅珊瑚

綠松石與珊瑚

珊瑚的顏色

珊瑚的顏色最深可達俗稱「血紅」的深紅色，最淺可達全白的「白珊瑚」。血紅色珊瑚的英文為「oxblood」，價值非常高。

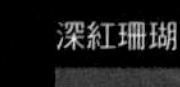

深紅珊瑚　桃紅　粉紅　白珊瑚

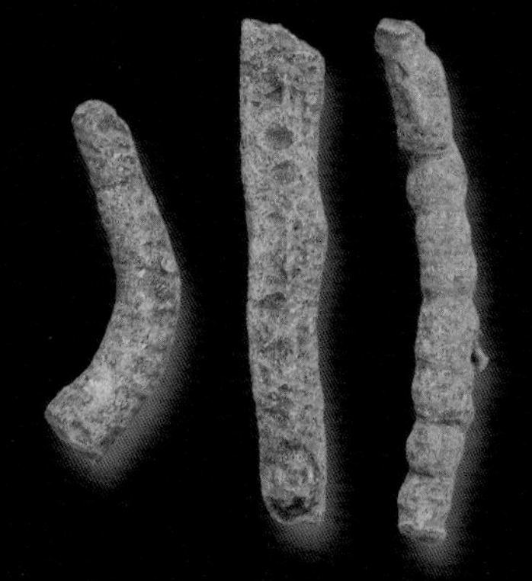

切削前的珊瑚

「六放珊瑚」與「八放珊瑚」

珊瑚和海葵一樣同屬刺絲胞動物門，有八放珊瑚、六放珊瑚等種類。刺絲胞動物門還分成像水母那樣在海中漂游的生物，或固定於某處的「水螅型」生物，而珊瑚屬於後者。

珊瑚會成群生長。造礁珊瑚擁有堅硬的骨骼，死去個體的骨骼上還會有新的珊瑚繼續成長。這樣層層堆疊長到逼近海面，便會形成「珊瑚礁」。棲息於淺海的六放珊瑚其觸手數量是六的倍數，棲息於無光深海的八放珊瑚其觸手數量為八根。

珍珠是貝類製造出來的寶石

珍珠是貝類製造出來的有機寶石。

貝殼內有一層帶光澤的構造，名為「珍珠層」(nacre)。珍珠層的成分是「外套膜」(mantle) 分泌的珍珠質 (nacrum)。

當沙子或細小顆粒跑進外套膜，貝類受到刺激便會分泌珍珠質將異物包裹成囊，形成「珍珠囊」(pearl sac)，珍珠質穩定後就會形成「珍珠」(pearl)。珍珠養殖業通常會將貝殼加工成小圓球植入貝類，用以取代自然界的沙粒，充當珍珠的核。

珍珠層愈厚，愈能產生美麗的干涉色。

珍珠層的成分為碳酸鈣與特殊蛋白質（殼質：conchiolin），不同貝類的殼質含有不同的色素，黃色色素較少者容易形成白色珍珠，較多者容易形成金色珍珠。某些帶黑色的「黑珍珠」也是貝類擁有的色素所致。

珍珠貝

用於生產珍珠的貝類俗稱「珍珠貝」。能產出漂亮珍珠的貝類種類不多，主要幾種珍珠貝如生成南洋珍珠的白蝶珍珠蛤、生成黑珍珠的黑蝶真珠蛤。日本的養殖珍珠大多使用福克多真珠蛤。

珍珠的變彩現象

珍珠是由數以千計的碳酸鈣薄層堆疊而成，各層反射的光會相互干涉，形成美麗的顏色，這種現象稱作「多層膜干涉」。

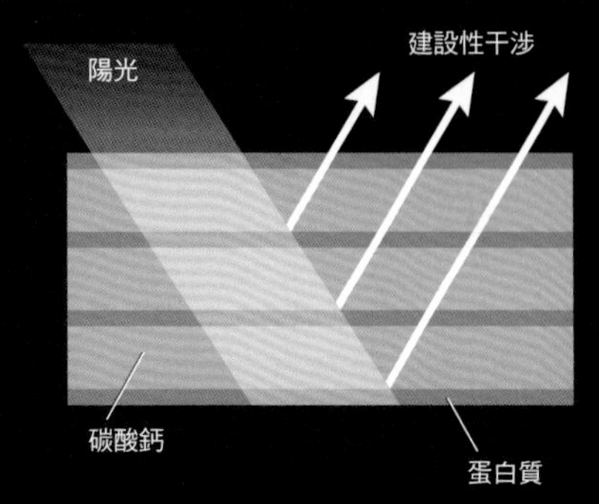

珍珠的養殖過程

以下為珍珠養殖過程的示意圖。其實不管是天然還是養殖的珍珠，要形成漂亮圓球狀的機率都不高。以高品質珍珠「花珠」為例，只有整體5%的珍珠貝能形成漂亮的球狀。不分天然或養殖，凡是不成圓形、歪七扭八的珍珠，都稱作「巴洛克珍珠」（baroque pearl，巴洛克有「異形」之意）。16～18世紀相當流行巴洛克珍珠。1890年代，日本的御木本幸吉培育出了史上第一顆養殖珍珠。

1 植入核

將核放入珍珠貝的外套膜。核大多是圓蚌等貝殼製成的圓球。

2 珍珠層包覆

當貝類查覺異物入侵，便會試圖保護自己，分泌與殼內側相同的成分（珍珠質）將核包裹起來。

3 形成珍珠

珍珠質會花1～2年時間層層裹住核。珍珠層愈厚則光輝愈亮麗。

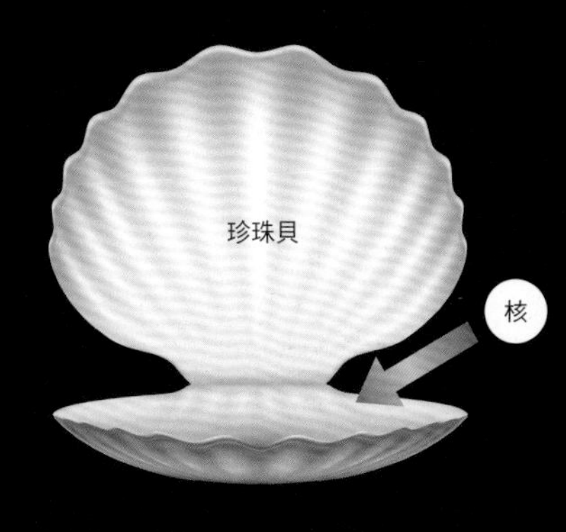

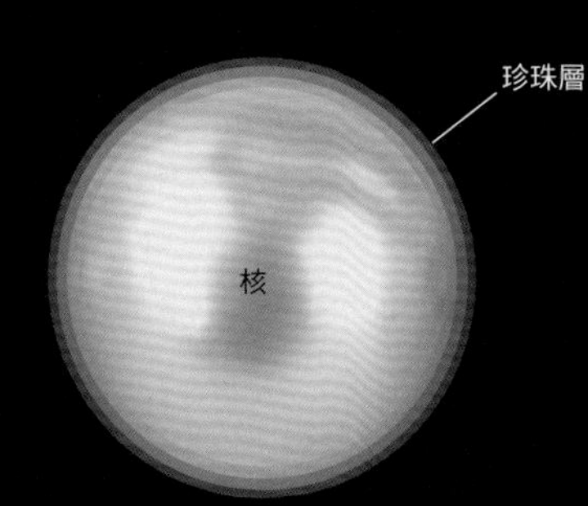

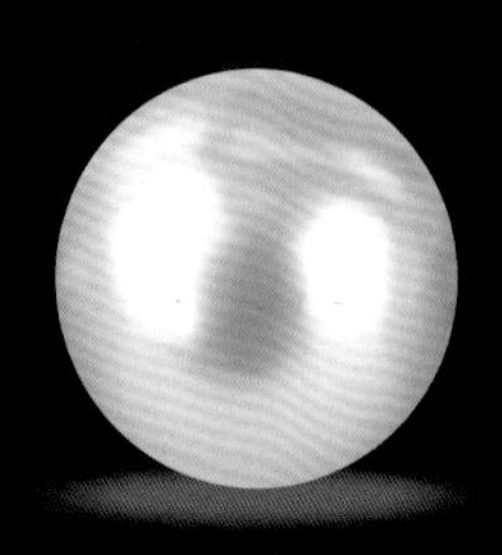

琥珀是樹木形成的寶石

琥珀（amber）是樹木分泌的樹液耗時數千萬年形成的化石。目前發現的最古老琥珀年齡超過3億年。琥珀分成從地層開採到的「礦坑琥珀」（pit amber），和隨著海水漂流的「海珀」（sea amber）。

有3分之2的琥珀產自波羅的海沿岸，其他較知名產地則有多明尼加共和國、日本岩手縣久慈市。

古埃及人會將琥珀製成珠寶飾品。除了用來穿戴，琥珀也可以用於焚香。此外，雖然琥珀本身不導電，但摩擦過後會產生靜電。

有些琥珀包有樹液尚未凝固前不慎鑽入的昆蟲，這種「蟲珀」（insect in amber）在市場上非常搶手。

松樹分泌樹液的模樣。樹液的作用在於防止細菌入侵，就像人身上的傷口會結痂一樣。有時落雷也會刺激樹液分泌。

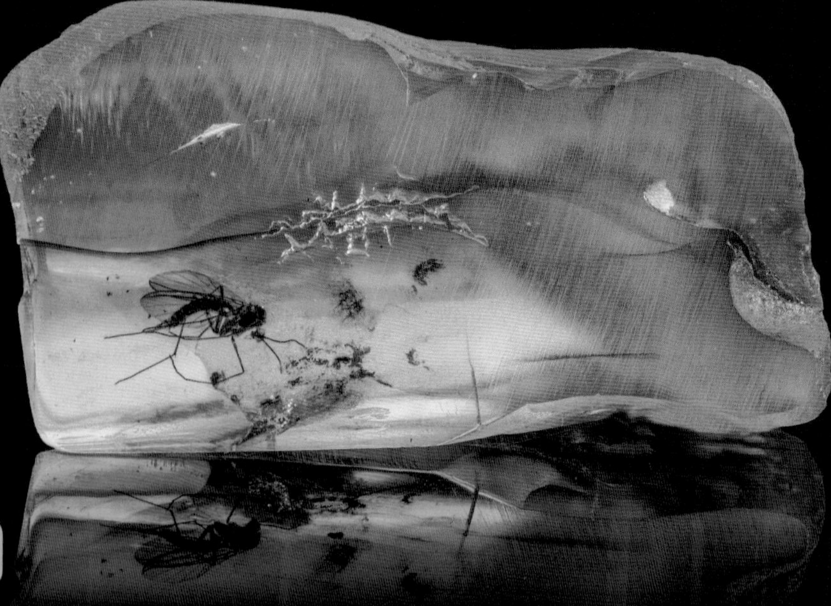

若有螞蟻等昆蟲在樹液凝固前跑進去，便會形成「蟲珀」。有些琥珀還包著樹葉或鳥類的羽毛。透過封在琥珀裡的生物，可以得知絕種生物的模樣。

原石
（千葉縣產）N

琥珀的顏色

琥珀的顏色取決於樹脂成分，大多落在黃色到深紅色系的範圍內，據說細分甚至可達數百種顏色。有些樹脂在紫外線下還會呈現綠色或藍色螢光。有極度透明，也有半透明、不透明的琥珀，其中乳白色和奶油黃色者又稱作「皇家琥珀」（royal amber），價值極高。市場上有許多加熱增色的琥珀，也有一些塑膠製的贗品。

硬樹脂

琥珀與硬樹脂

「硬樹脂」（copal）是一種形似琥珀的天然樹脂，用於製作清漆（varnish）。硬樹脂和琥珀一樣由樹木分泌物凝固而成，可以說是「變成化石前的琥珀」。

COLUMN

鑽石與鉛筆芯皆由「碳」構成

位居所有礦物硬度頂點的「鑽石」和鉛筆芯的主要原料「石墨」，都是碳的單質構成的元素礦物。

即使是相同元素構成的單質，一旦原子間的連接方式不同，性質就會有所差異，稱作「同素異形」(allotropy)。碳的同素異形體（allotrope）還有足球狀分子「富勒烯」(Fullerene)、筒狀（管狀）分子「奈米碳管」(carbon nanotube)。

鑽石為立體構造 石墨為平面構造

鑽石與石墨明明都是以碳原子構成，為何強度差這麼多？原因在於兩者的原子組合方式不同。

鑽石的每一個碳原子都與另外四個碳原子連接形成立體構造。相對於此，石墨的碳原子呈現平面構造，像墊板那樣層層堆疊，因此每一層都很容易剝落。

富勒烯則是碳以足球般的五邊形（五元環）與六邊形（六元環）形成的構造，1990年首次成功分離及鑑定。奈米碳管則是筒狀部分皆以六元環構成（末端為五元環），其直徑和碳原子的排列方式會影響導電率。

鑽石

碳原子以正四面體緊密連接而成，硬度是所有礦物之最。

富勒烯

60顆碳原子結合成足球般構造，是優秀的電子接受者，在極低溫下呈現超導態。

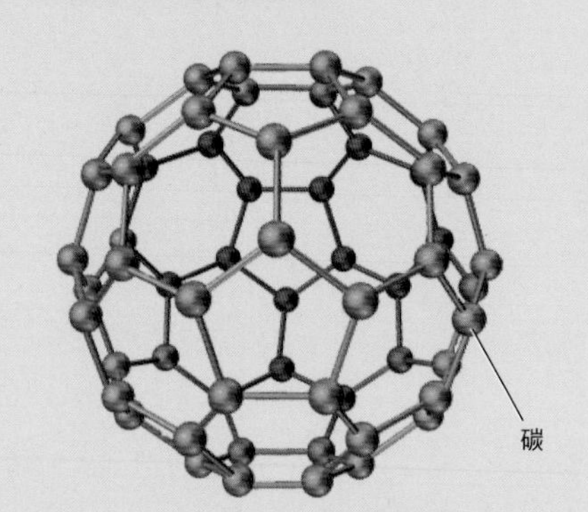

原子序為6，週期表第14族的元素。碳存在於鑽石、石墨等礦物，也是生命體（有機化合物）必備的基本元素。英文名稱來自「木炭」(carbo)。

石墨

石墨又稱黑鉛，是鉛筆芯的主成分。碳原子排列成正六邊形的平面，每個平面之間的連結並不緊密，容易剝落。鉛筆之所以可以用來寫字，也是因為石墨粉末會剝落，留在紙面上的微小凹洞。

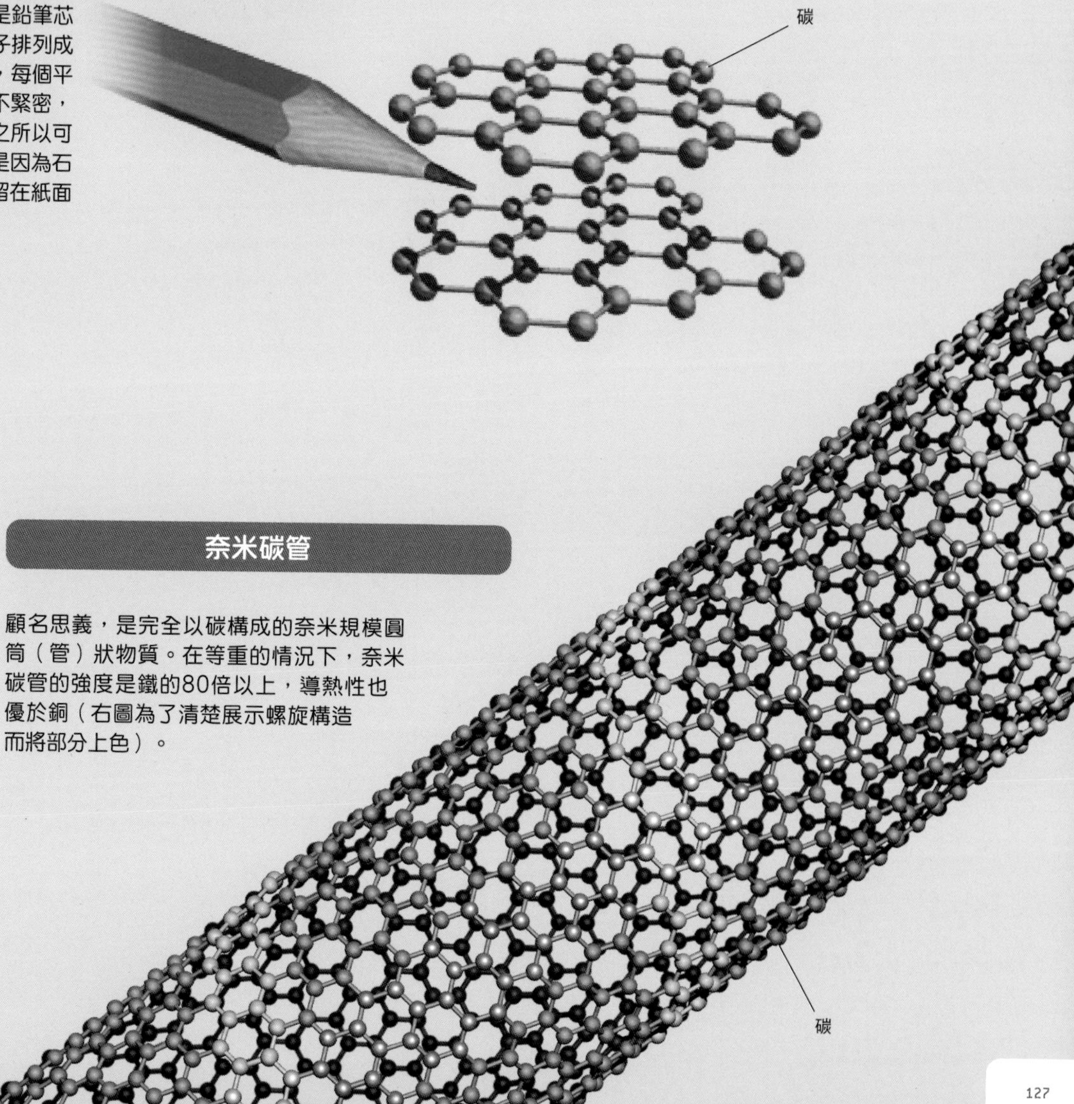

奈米碳管

顧名思義，是完全以碳構成的奈米規模圓筒（管）狀物質。在等重的情況下，奈米碳管的強度是鐵的80倍以上，導熱性也優於銅（右圖為了清楚展示螺旋構造而將部分上色）。

魚眼石加熱後會成葉片狀剝落，故學名是以希臘語中有剝落之意的「Apo」、代表葉片的「Phyllon」組合而成。名稱取自其解理面亮如魚眼的模樣。

魚眼石（Apophyllite）

DATA	
分類	葉狀矽酸鹽礦物
晶體外形	板狀、柱狀
顏色／條痕	無～白等／白
硬度	$4\frac{1}{2}$～5
解理	完全
比重	2.4
晶系	正方晶系
化學組成	$KCa_4Si_8O_{20}(FOH) \cdot 8H_2O$

魚眼石
（愛媛縣產）P

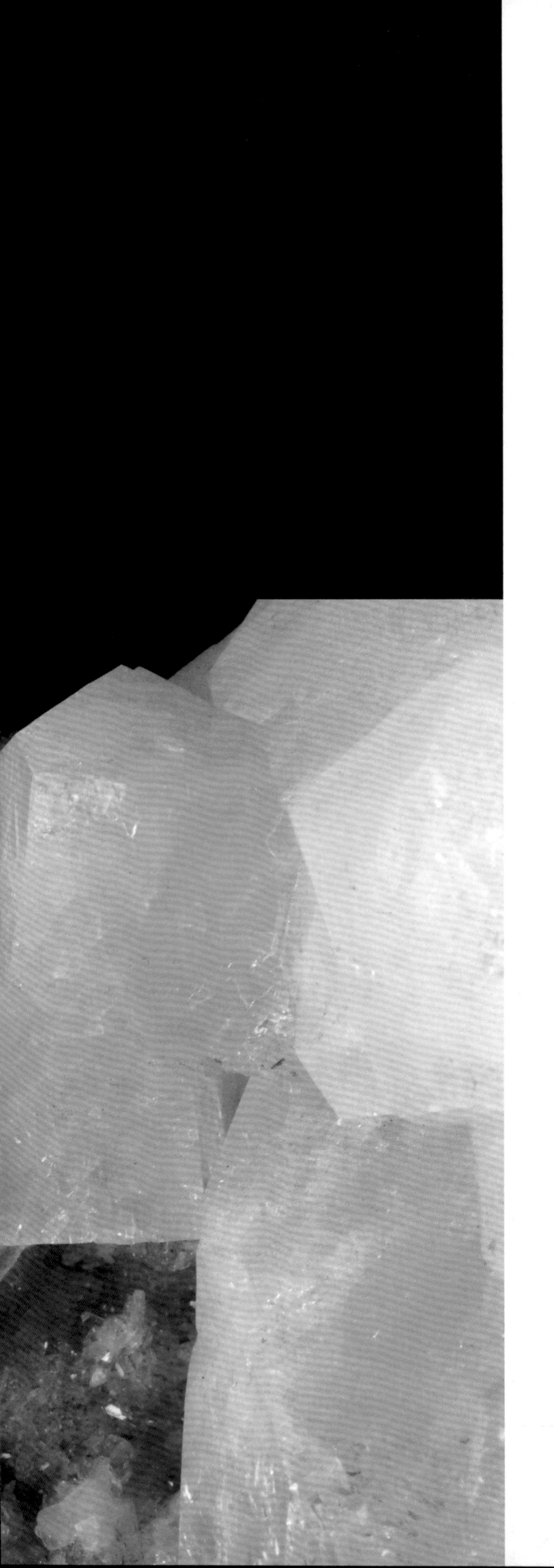

5

光輝耀眼的礦物

Minerals with Luster, or with Luminescence

金屬光澤如何產生

金屬擁有一種獨特的光澤，稱作「金屬光澤」。

金屬光澤的成因為金屬的自由電子（下圖最外側的電子）。金屬晶體中，金屬原子最外側的電子殼層相互重疊，而自由電子能在這些重疊的電子殼層之間自由移動※，如右圖藍色部分所示。

可見光抵達金屬後，金屬表面的自由電子會以相同於可見光的頻率（每秒振動的次數）振動，抵消可見光，將其隔絕在外。同時藉由自身振動產生相同頻率的光線，從金屬表面釋放（反射）。這些自由電子創造的可見光便是我們所見的金屬光澤。

本章會介紹許多擁有光澤和螢光的礦物。

白色可見光

※金屬鍵（詳見第61頁）。

金原子

金原子擁有從K層到P層的電子殼層。金晶體中，位於金原子P層上的1個電子會以自由電子的形式游離。金原子釋放的自由電子帶正電。

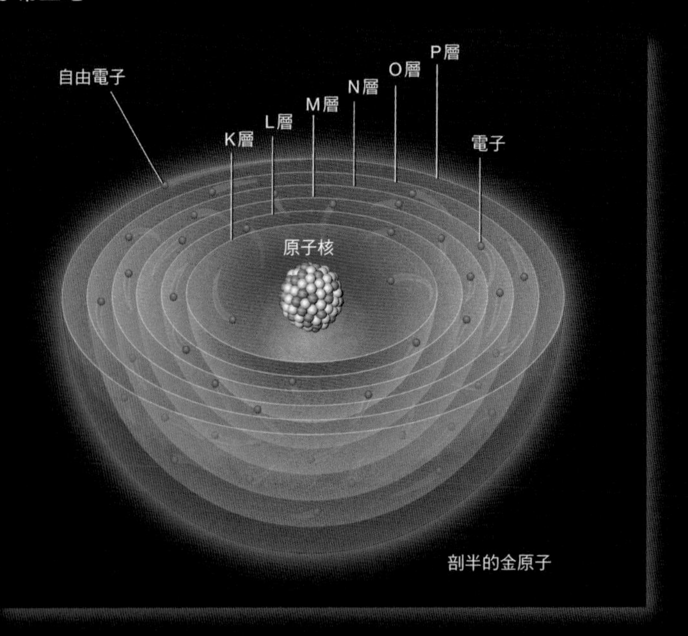

圖將金原子畫成有金屬光澤的樣子，但實際上金屬光澤源於自由電子的作用，原子本身並沒有顏色或光澤。

金的黃色光澤

光抵達金的表面時，自由電子會抵消大部分的可見光，同時產生相同頻率的可見光，使得表面看起來閃閃發光。然而，金的自由電子無法抵消也無法產生藍色和綠色的可見光，因此這兩種顏色的可見光會被電子殼層的電子吸收，使金呈現黃色光澤。不過，若觀察金箔，便會發現透出的光線為藍色至藍綠色，這是因為看見的是內部金原子吸收的顏色。

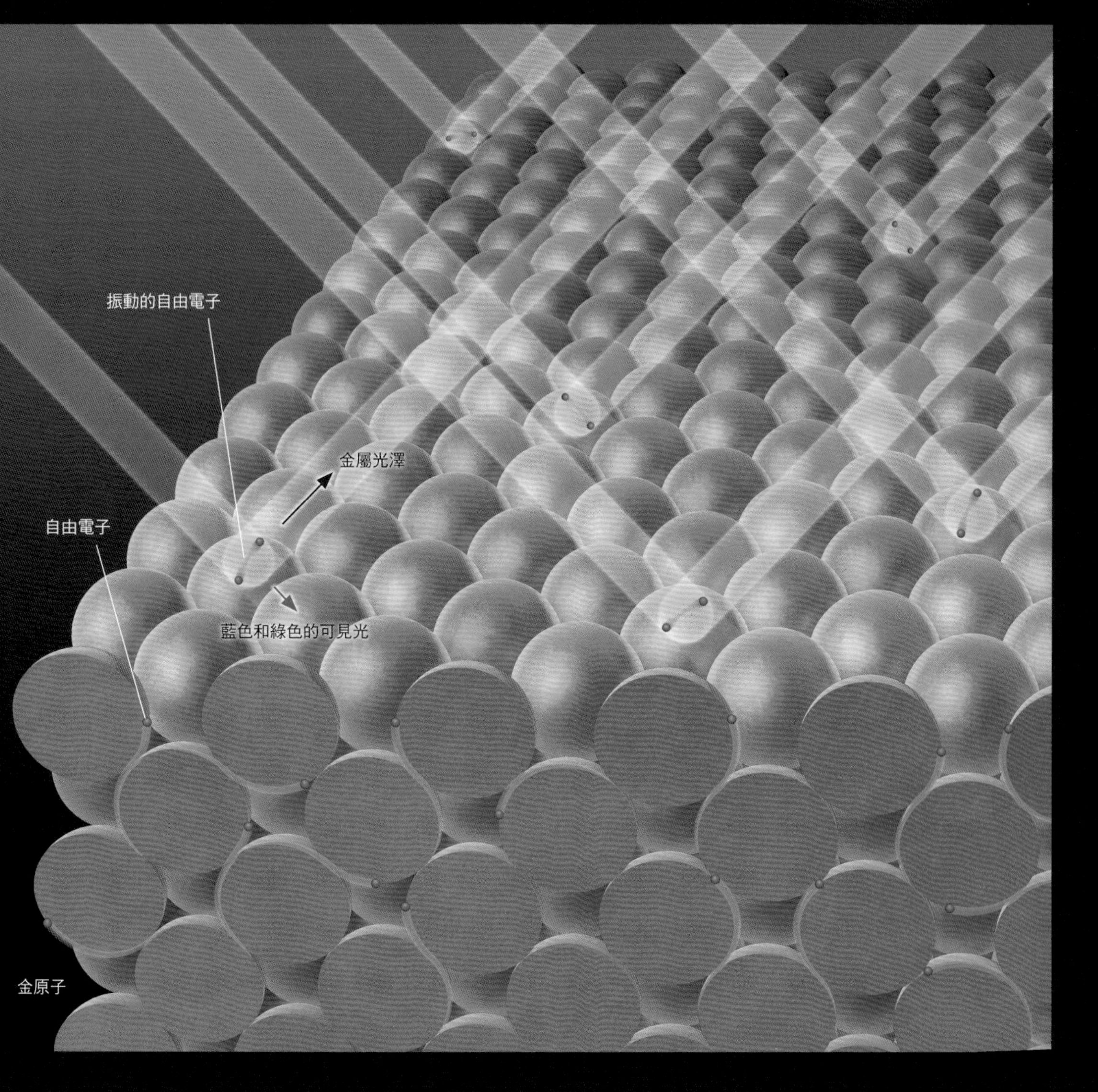

由單一元素構成的自然金

自然金是完全以金這一種元素構成的「元素礦物」。金的元素記號Au源自拉丁語的「太陽光輝」(Aurum)。

金通常會和銀、銅一起產出，來源包含開採的金礦石以及河川中的砂金。

金是人類最重視的礦物之一，作為貨幣和珠寶飾品的價值相當高昂。

金不易腐蝕※，還是延展性最高的金屬。1公克的金，最薄可以延展至厚度僅0.0001毫米的金箔販售；若搓成細繩，據說長度可達約2.8公里。金和其他金屬一樣導電性佳，廣泛應用於電子機器等各種工業產品。

※生鏽、腐化。

自然金多產自熱液礦床的石英脈、硫化礦物的礦脈。這些岩石風化、崩落進入河川，也可能形成漂砂礦床。漂砂礦床的金為砂金型態。

(兵庫縣產) P

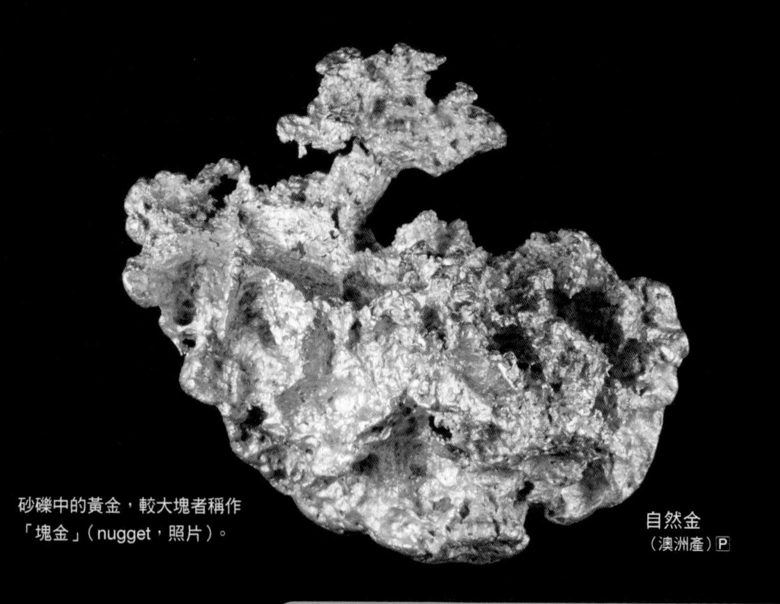

砂礫中的黃金，較大塊者稱作「塊金」（nugget，照片）。

自然金
（澳洲產）Ⓟ

作為寶石的金

金質地柔軟，純金的珠寶飾品很容易變形，因此經常會混合銀、銅以提高耐用度。純金稱為24K金※；混合其他元素的合金又依金的占比而有不同名稱，如含金率75%者稱為18K金、含金率58%者稱為14K金、含金率42%者稱為10K金。

※K＝karat（克拉），是黃金的重量單位。寶石的重量單位也是克拉，但以「ct」表示，以便區別。

金的延展性

金屬之所以受到外力時不易斷裂，是因為晶體中原子的位置即使錯開，自由電子也會馬上移動，在原子之間產生新的連結。而金的延展性之所以優於其他金屬，原因在於其晶體為面心立方體（face-centred cubic）構造。金屬原子受到外力時會沿著「滑移面」（slip plane）偏移，其偏移的方向稱作「滑移方向」（slip direction）。面心立方晶格含有較多滑移面與滑移方向，因此不容易斷裂，擁有較佳的延展性。結晶構造呈現面心立方體的金屬除了金，還有銀（Ag）、銅（Cu）、鋁（Al）等。

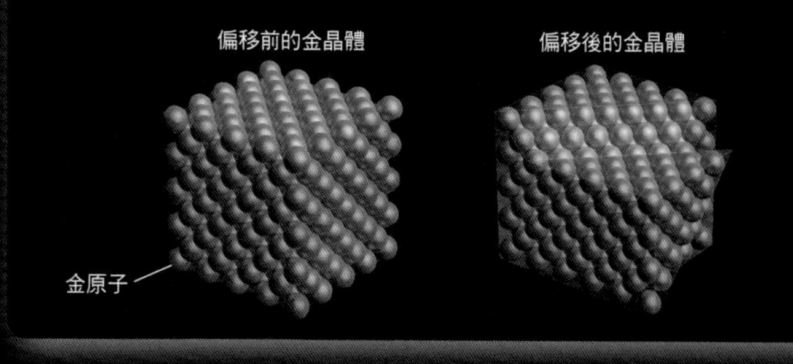

自然金（Gold）

DATA	
分類	元素礦物
晶體外形	八面體、立方體
顏色／條痕	金黃／金黃
硬度	$2\frac{1}{2}$～3
解理	無
比重	19.3
晶系	立方晶系
化學組成	Au

自然銀與自然鉑

自然銀產自熱液礦脈與氧化帶，接觸到空氣會氧化（生鏽）※，形成黯淡的色澤。銀大多會與其他礦物混在一起，若單獨存在，通常會呈現鬍鬚狀、苔狀、箔狀或樹枝狀。

雖然銀看起來沒有金這麼亮麗，但反射率其實比金還要高。

銀不僅能用作裝飾品，也曾當作貨幣流通，有許多國家長年以來都是以銀而非金作

銀的反射率很高

右圖所示為金、銀、銅、鋁對光各個波段的反射率。銀是光反射率最高的金屬元素，幾乎可以反射所有的可見光，因此光澤偏白。銅和金對於短波長（頻率高）的可見光反射率較低，因此光澤偏黃和紅。鋁每單位體積的自由電子密度很高，運動速度上限也高，因此對紫外線的反射率也很高。

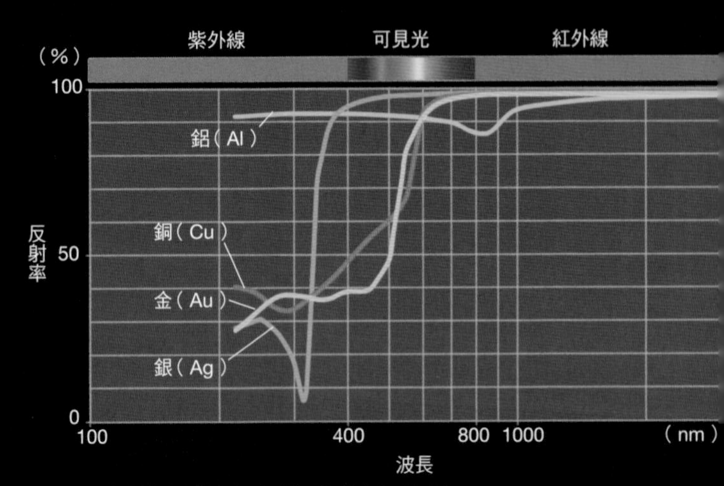

※波長單位為奈米（1奈米為100萬分之1毫米）。

（廣島縣產）P

自然銀（Silver）

DATA	
分類	元素礦物
晶體外形	八面體、十二面體
顏色／條痕	銀白／銀白
硬度	$2\frac{1}{2}$～3
解理	無
比重	10.5
晶系	立方晶系
化學組成	Ag

為通貨基本單位。然而，16世紀中葉在南美波托西發現大量銀礦，使得銀產量遽增，嚴重撼動了全球經濟。

銀產量的增加不光是因為發現銀礦山，也由於提煉銀的「汞齊法」(amalgamation)被發明出來。若將汞(水銀)與含有金屬的礦物混合，便能將金屬溶出，形成「汞齊」。將汞齊加熱，使汞蒸發之後就會留下金屬。不過現在已經沒人使用這種提煉方法了。

鉑(白金)為原子序78的鉑系元素，主要產自超基性(ultramafic)～基性(mafic)的深成岩，也見於漂砂礦床。鉑非常耐酸蝕，經常加工製成飾品。而寶石界俗稱的「白色金」(white gold)並非鉑，而是金與銀、鈀等其他金屬的合金。

※此處的「氧化」並非單純指與氧結合的反應，亦包含與空氣中的硫化合形成硫化銀的反應。

寶石界的銀和鉑

純銀很軟，因此常與其他金屬混成合金再製成戒指等飾品。而金亦同，金與銀、鈀、鎳等金屬的合金稱作「白色金」；與銅混合呈現粉紅色澤的合金稱作「玫瑰金」。鉑也經常和鈀、釕等混合，以增加強度。

示意圖

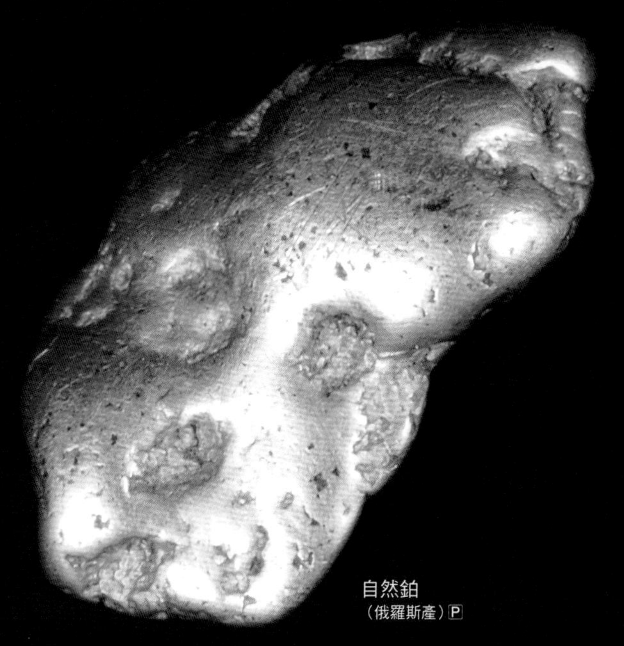
自然鉑
(俄羅斯產)P

自然鉑(Platinum)

DATA	
分類	元素礦物
晶體外形	立方體
顏色／條痕	銀白、灰／白
硬度	$4 \sim 4\frac{1}{2}$
解理	無
比重	21.5
晶系	立方晶系
化學組成	Pt

製作電線不可或缺的銅

銅通常於火成岩和變質岩中成塊產出，或於氧化帶形成樹枝狀或箔狀晶體。銅呈現偏紅的「紅銅色」，但接觸空氣氧化後，色調會變得暗沉一些。

銅也和金、銀一樣，具有悠久的使用歷史。其學名「Copper」源自拉丁文的「cuprum」，意思是「賽普勒斯島的石頭」。這是因為西元前3000年左右，賽普勒斯島上開採到的銅曾於世界各地流通。日本也有不少銅礦山，江戶時代※日本的銅產量甚至位居世界第一，是長崎港的主要出口商品。

銅廣泛應用於銅鍋之類的日用品，也是硬幣的材料。此外，由於銅價格便宜、容易加工、導電性佳，也是電線不可或缺的原料。

※約17世紀後半至18世紀前半。18世紀中葉以後，英國的銅產量後來居上。

容易導電、導熱

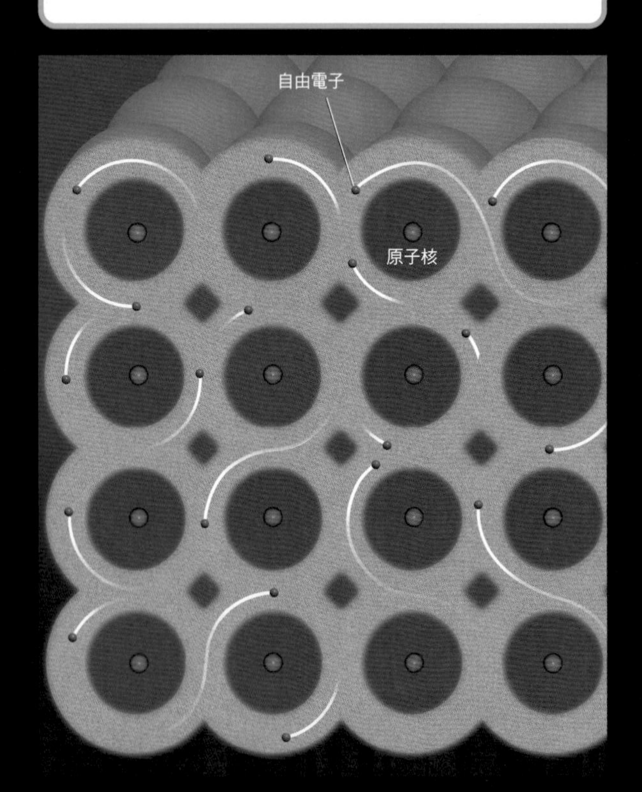

金屬的原子是透過原子最外側的電子（自由電子）自由運動，形成「金屬鍵」相互連結。

若對金屬加熱，自由電子吸收了熱能便會激烈運動。這些運動和金屬原子的振動會陸續傳導給周圍的自由電子與金屬原子，此即金屬導熱性良好的原理。銅的導電性佳，僅次於銀。

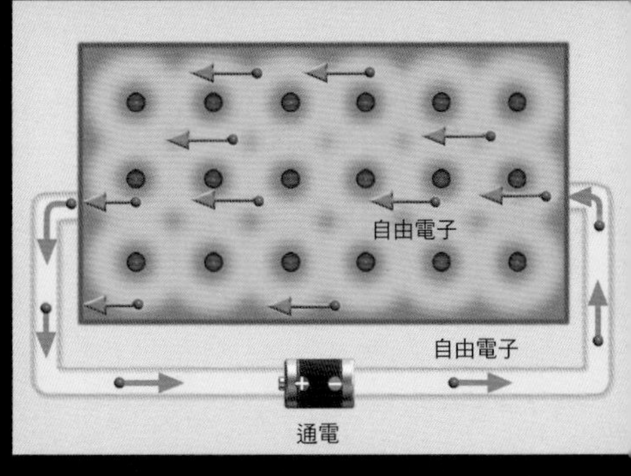

電流即「流動的電荷」。帶負電的自由電子在金屬內移動，驅使電荷由陰極（負極）往陽極（正極）移動。※電子流的方向與電流方向相反。

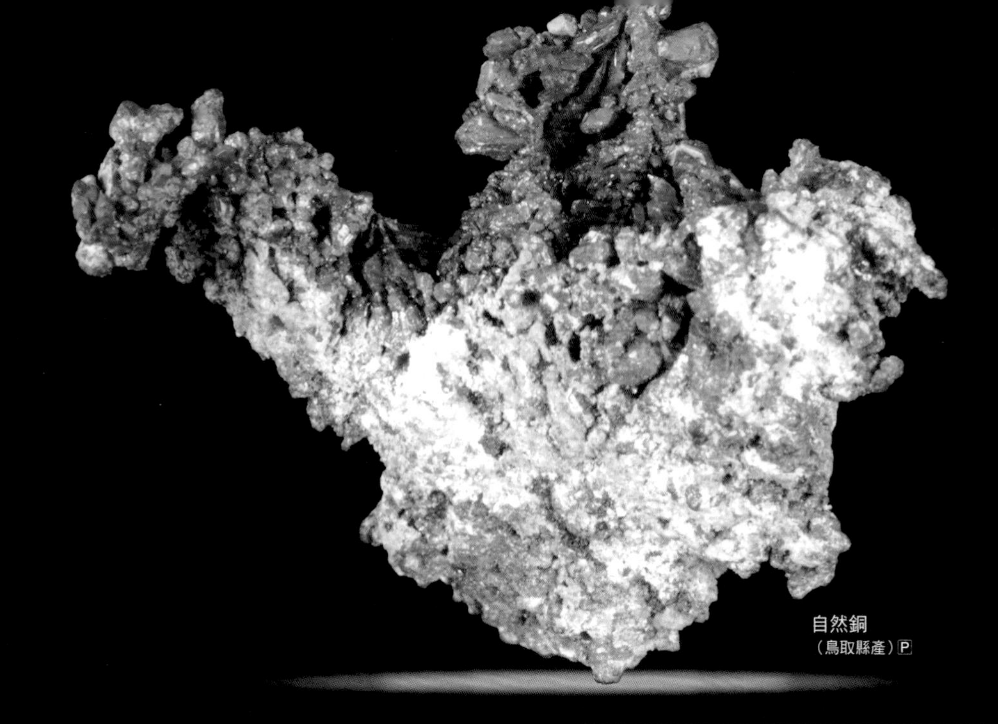
自然銅
（鳥取縣產）P

電線與硬幣的材料

日本的硬幣除了一日圓以外都含有銅。五日圓含銅、鋅；十日圓含銅、鋅、錫；五十日圓與一百日圓含銅、鎳；五百日圓含銅、鎳、鋅。一日圓硬幣則是以純鋁製成。電線的材料也是使用電阻較低的銅、鋁。

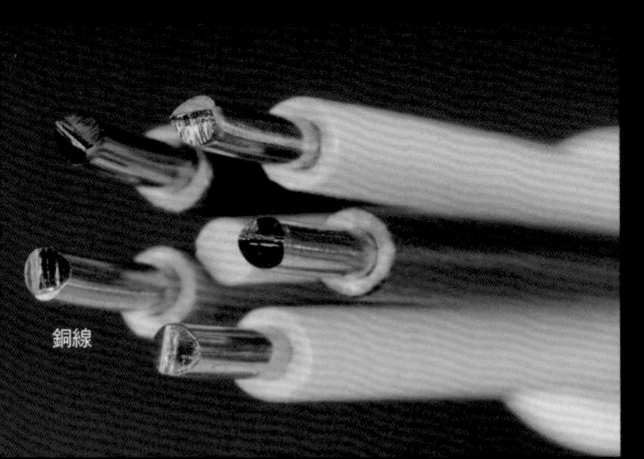
銅線

自然銅（Copper）

DATA	
分類	元素礦物
晶體外形	立方體、十二面體
顏色／條痕	紅銅／紅銅
硬度	$2\frac{1}{2}$～3
解理	無
比重	8.9
晶系	立方晶系
化學組成	Cu

發出螢光的「螢石」

螢石的主成分為氟化鈣（CaF_2），氟的英文「Fluorine」就是源自螢石的礦物學名。

以前螢石經常作為溶劑，用於提高爐渣（精煉礦物之際會產出的「碎屑」）的流動性，故學名取自拉丁語中的「fluere」，意思是「流動」。

螢石能讓許多不同波長的光（紫外線～可見光～紅外線※）穿透，因此經常用於製作透鏡等光學材料。此外，有些螢石受熱、受到紫外線照射時，還會發出螢光。

螢石透明度高且顏色豐富，有綠、藍、紫、粉紅乃至於雙色並存的晶體，也算是相當受歡迎的珠寶飾品。

※波長約130nm～8μm（1μm＝1mm的1/1000。1nm＝1mm的1/1000000）。

色彩繽紛的螢石

螢石繽紛的顏色來自成分中的微量雜質與結晶構造缺陷。此外，亦有人工處理過的螢石。

原石
（大分縣產）P

螢光

螢光的英文「fluorescence」就是源自螢石，因為螢石受紫外線照射時會如右圖產生螢光。不過，也有部分產地產出的螢石不會發出螢光。

螢光狀態

螢石（Fluorite）

DATA	
分類	鹵化礦物
晶體外形	六面體、八面體
顏色／條痕	無、綠、黃、藍等／白
硬度	4
解理	完全
比重	3.2
晶系	立方晶系
化學組成	CaF_2

發出紅色或桃紅色螢光的「方解石」

方解石屬於碳酸鹽礦物，是石灰岩的造岩礦物。岩石通常是由多種礦物聚集形成，不過純石灰岩幾乎是由方解石一種礦物構成※1。

方解石主要是珊瑚、貝殼等海洋生物形成的礦物，化學成分為碳（C）、氧（O）、鈣（Ca）。

石灰岩原本是沉積於海底的珊瑚及貝殼遺骸，經過板塊搬運，撞上大陸板塊而被推上地表※2。石灰岩除了含有方解石的化學成分，亦包含泥砂之類的碎屑。假如石灰岩受到岩漿熱作用而變質，便會形成結晶質的「大理岩」（marble，通稱為大理石），廣泛應用於建材與石雕。

方解石為摩氏硬度3的基準礦物，質地較軟，碰到鹽酸會產生二氧化碳的氣泡，某些種類照到紫外線還會發出螢光。

※1：石灰岩為方解石的成分（碳酸鈣）占整體50%以上的沉積岩。

※2：海洋板塊隱沒至大陸板塊底下時，堆積在上面的沉積物也會剝離，轉而附著到大陸板塊。以這種方式形成的地層稱作「增積岩體」（accretionary prism）。

與方解石成分相同的「霰石」

「霰石」是方解石的同素異形體，學名「aragonite」，化學成分與方解石相同，但原子排列方式不同。很多霰石外觀與方解石神似，肉眼難以辨別。

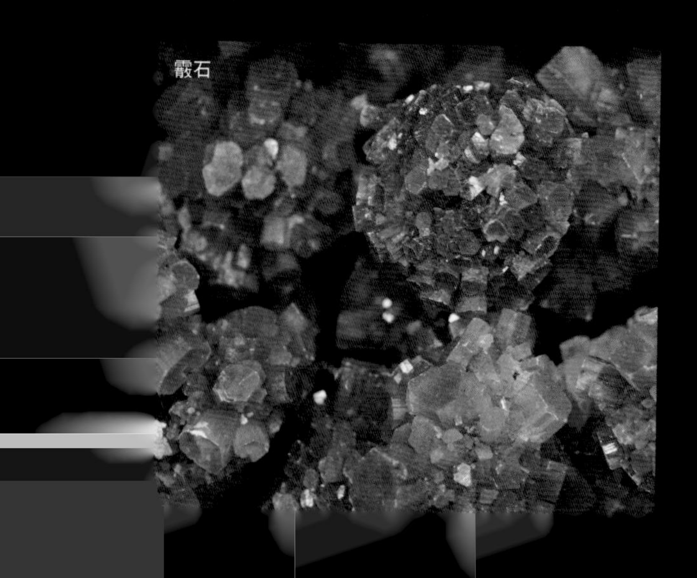

霰石

方解石
（三重縣產）N

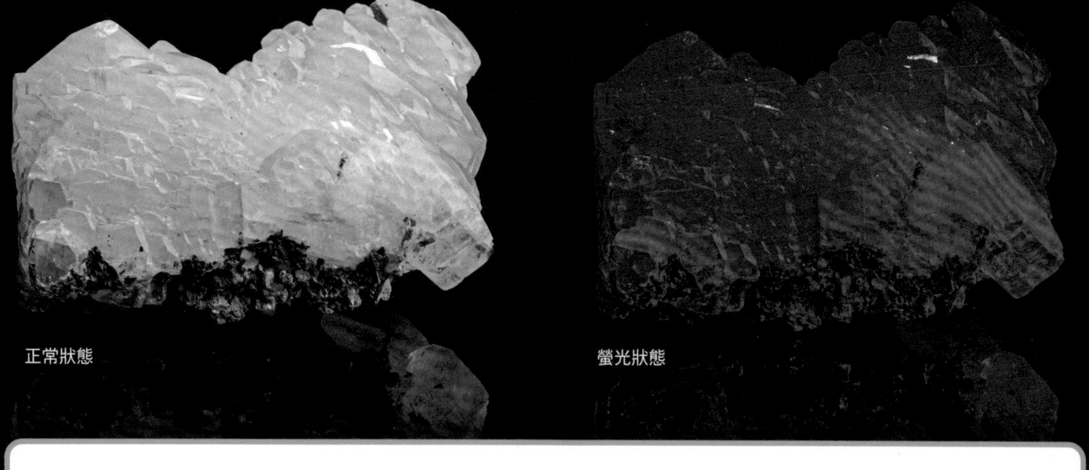
正常狀態　　螢光狀態

螢光的原理

礦物照到光時，會反射部分波長的光，呈現該礦物特有的顏色（第18頁）。如第139頁的圖所示，光可以分成肉眼可辨顏色的可見光，以及看不見的紫外線、紅外線等。紫外線波長短、能量高，因此當原子受到紫外線照射時，能量也會提高。原子會透過振動（發熱）試圖回到原本的狀態，此時沒發散完的能量（熱）會轉變成波長比紫外線還長（能量較低）的光釋放出來，這種光在人類眼中看來就是螢光。※詳見第144頁。

晶形與雙折射

方解石的「方」有立方體的意思，不過其晶形豐富，包含菱形立體（菱面體）、六角錐狀、板狀、長柱狀等。像右方照片這種形狀稱作「犬牙狀晶體」。方解石的雙折射※現象較明顯，因此放在透明晶體底下的物體看起來有兩層。

※入射光分別往兩個方向折射的現象。

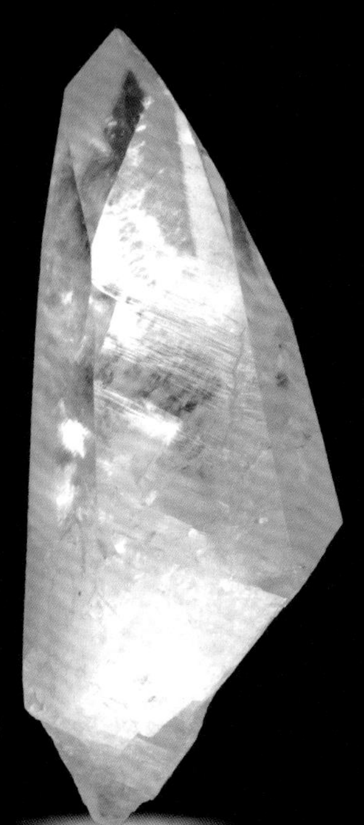
原石
（大分縣產）P

方解石（Calcite）

DATA	
分類	碳酸鹽礦物
晶體外形	菱面體、六角錐狀等
顏色／條痕	無／白
硬度	3
解理	完全
比重	2.7
晶系	三方晶系
化學組成	$CaCO_3$

發出綠光的「鈣鈾雲母」

鈣鈾雲母是成分含鈣和鈾的磷酸鹽礦物。

含鈾礦物的種類有很多，鈣鈾雲母是其中的代表，通常以方鈾礦（uraninite）風化形成的二次礦物型態產自鈾礦床或偉晶岩之中。

晶體特徵是鈾酸鹽造成的鮮豔黃色～黃綠色，造型為四角薄板狀或束狀。鈣鈾雲母就是得名於板狀的晶體。

鈾是原子序92的天然放射性元素，原子核狀態不穩定，自然狀態下容易散發輻射並轉變為相對穩定的元素（衰變）。鈣鈾雲母的輻射性雖然低於方鈾礦，但保管時仍需特別小心。

鈣鈾雲母也是會發出螢光的礦物，照射到紫外線（黑光燈）時會呈現鮮豔的黃綠色。這種螢光並非源自於輻射，而是鈾醯離子（uranyl ion）的電子性質所致。

鈣鈾雲母

鈣鈾雲母

鈣鈾雲母（Autunite）

DATA	
分類	磷酸鹽礦物
晶體外形	片狀、板狀
顏色／條痕	黃／黃
硬度	2～2$\frac{1}{2}$
解理	完全
比重	3.2
晶系	正方晶系
化學組成	$Ca(UO_2)_2(PO_4)_2 \cdot 10\sim12H_2O$

（岡山縣產）Ⓟ

（岡山縣產）Ⓟ

照射紫外線時會發出鮮綠螢光

陽光含有紫外線，所以岩石中含有鈣鈾雲母的部分在正常狀態下也會發亮。若直接照射到紫外線，就會顯現更加鮮明的綠色螢光。鈣鈾雲母的學名「Autunite」源自其產地法國歐坦（Autun）。

鈾玻璃

「鈾玻璃」是加入微量鈾染色的玻璃，最早出現於1800年代的捷克波希米亞地區，用於加工成餐具、玻璃珠等各種產品。由於鈾玻璃在黑光（紫外線）下會呈現綠色螢光，因此相當受歡迎。日本於大正～昭和初期也曾生產過鈾玻璃。鈾玻璃的輻射量微乎其微，對人體幾乎沒有影響。

加熱就會發光的「冰晶石」

冰晶石的外觀似冰，因此發現之初以為是「不會融化的冰」，直到18世紀歐洲科學家分析成分才明白這是一種礦物。其學名源自希臘語的「chryolite」，意思是「冰之石」。

冰晶石產地不多，且只有格陵蘭的儲量足以大量開採。冰晶石的折射率為1.338，幾乎和水（1.333）相同，因此透明無色的冰晶石晶體泡在水裡看起來就像消失了一樣。格陵蘭當地漁夫認為「魚也看不出泡在水裡的冰晶石」，所以會將冰晶石當作漁網的網墜。此外，冰晶石加熱時還會發光。

冰晶石為鈉和鋁的鹵化物「氟鋁酸鈉」，19世紀起成為鋁的精煉原料，卻因為過度開採導致資源枯竭，如今大部分的冰晶石都是以便宜的螢石合成代替。

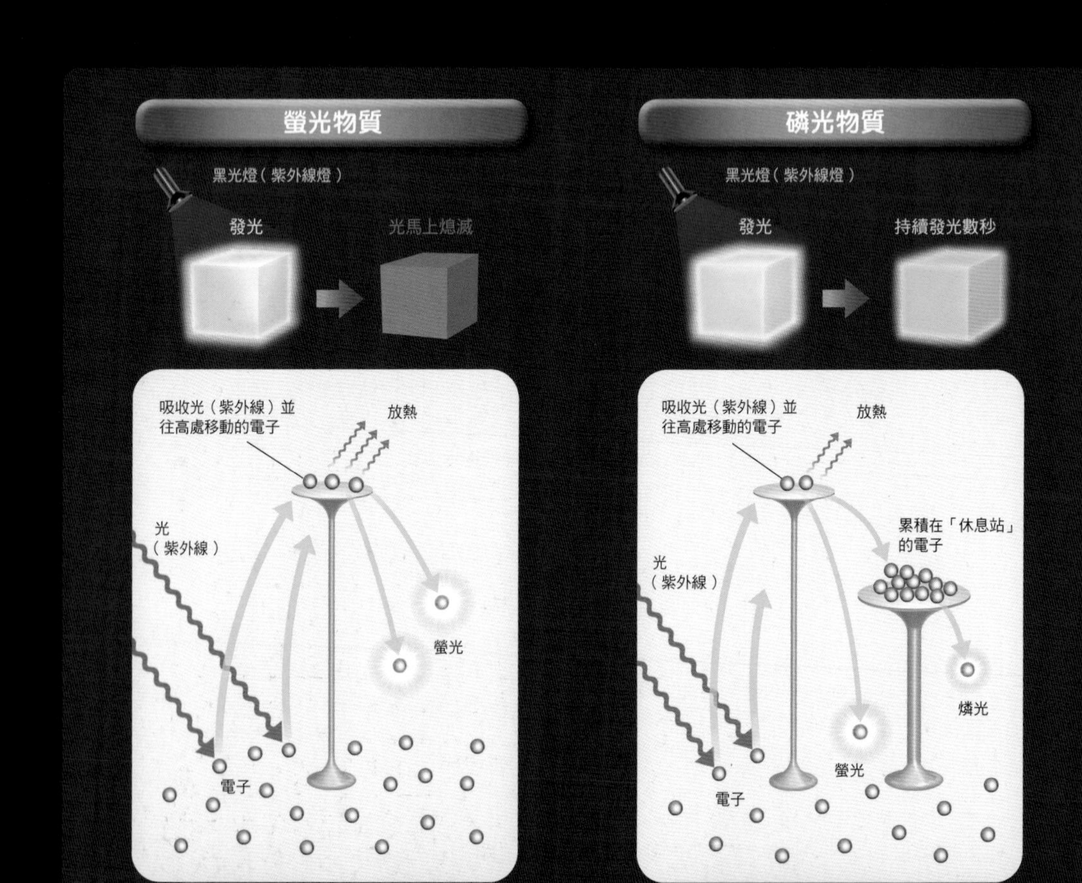

（格陵蘭產）N

在格陵蘭發現的礦物

格陵蘭為丹麥的自治領地，面對北極海，幾乎全島都被冰雪覆蓋。除了格陵蘭，美國科羅拉多等地也能開採到冰晶石。不過，格陵蘭的冰晶石礦場儲量已經見底，現在已經關閉。

冰晶石（Cryolite）

DATA	
分類	鹵化礦物
晶體外形	塊狀、立方體
顏色／條痕	白、無／白
硬度	$2\frac{1}{2}$
解理	無
比重	3.0
晶系	單斜晶系
化學組成	Na_3AlF_6

螢光與磷光的差異

螢光的原理如下。當螢光物質吸收特定波長的光，內部電子便會往能量更高的地方躍遷（蓄能）。當電子從較高的地方下來，就會透過熱和光的形式釋放能量。「高處」對電子來說並不穩定，所以電子會瞬間發光並降回原本的位置。因此，只要移除光源，螢光就立刻消失。

另一方面，磷光則是移除光源後，物體繼續發光一小段時間的現象。這是因為磷光物質的電子從「高處」降回低處的途中，會暫時停在一個類似「休息站」的地方。停留在這裡的電子會陸陸續續發光並往「低處」移動，因此移除光源之後物體不會馬上暗下來。「希望鑽石」（Hope Diamond）※便是知名的磷光寶石。

「蓄光」材料或「長餘輝」發光材料的原理也和磷光相同。很多手錶可以在黑暗中發出綠光照亮錶面，也是蓄光材料的應用技術。不過蓄光和磷光不同，蓄光並非電子「從休息站下來」，而是電子吸收熱之後「往更高處爬上去再下來」，故發光時間也比較長。

※收藏於史密森尼學會博物館之一的美國國立自然史博物館的藍色鑽石。

COLUMN

造型千奇百怪的生物化石

可以窺見柔軟部位的「印痕化石」

動物遺骸或植物與泥土一起堆積，被後來的沉積物重壓而固化，形成化石。過程中拓印下來的輪廓即為印痕化石。

楓葉化石
（栃木縣產）N

歷經漫長歲月形成的化石，也算是礦物。

化石的成因很多，例如琥珀為樹液固化而成（第124頁），也有某些成分滲入骨骼縫隙而形成的化石（蛋白石化，第117頁），還有木材矽化※而成的化石（矽化木）。

骨骼和牙齒的化石以及液體化石

一提到化石，很多人腦中大概會率先浮現恐龍骨骼的化石。由於骨骼和牙齒質地堅硬，不易腐爛，所以較容易遺留下來形成化石。相對地，內臟等柔軟的部分則不容易保存。

不過也有例外，例如封在冰裡的長毛象就保留了內臟和皮膚等柔軟部分。絕大多數的情況下，這些柔軟的部分會隨著時間消滅，最後只剩下輪廓，形成「印痕化石」（impression fossil）。這種化石雖然只剩輪廓，但有助於我們了解這些生物生前的模樣。

除此之外也有液態的化石，就是「石油」。

石油的成因眾說紛紜，一般認為是浮游生物等的屍體和泥沙混成一團，堆積成地層的一部分，再受熱變化而成。

石油是一種液狀礦產資源，主要成分為碳氫化合物。一般來說，呈現液態者稱石油，氣態者稱天然氣。

※浸泡於矽酸鹽類所產生的反應。

液態化石

海中的浮游生物遺骸沉積，經過數百萬、數千萬年的漫長歲月，化為石油。科學家認為中東地區之所以盛產石油，是因為那一帶約2億年前是「古地中海」（Tethys）。

保留堅硬組織的化石

動物的牙齒、骨頭和貝殼都很容易保留下來。形成化石的過程可能是霰石再結晶成方解石，或被矽酸鹽等其他物質取代的狀況。

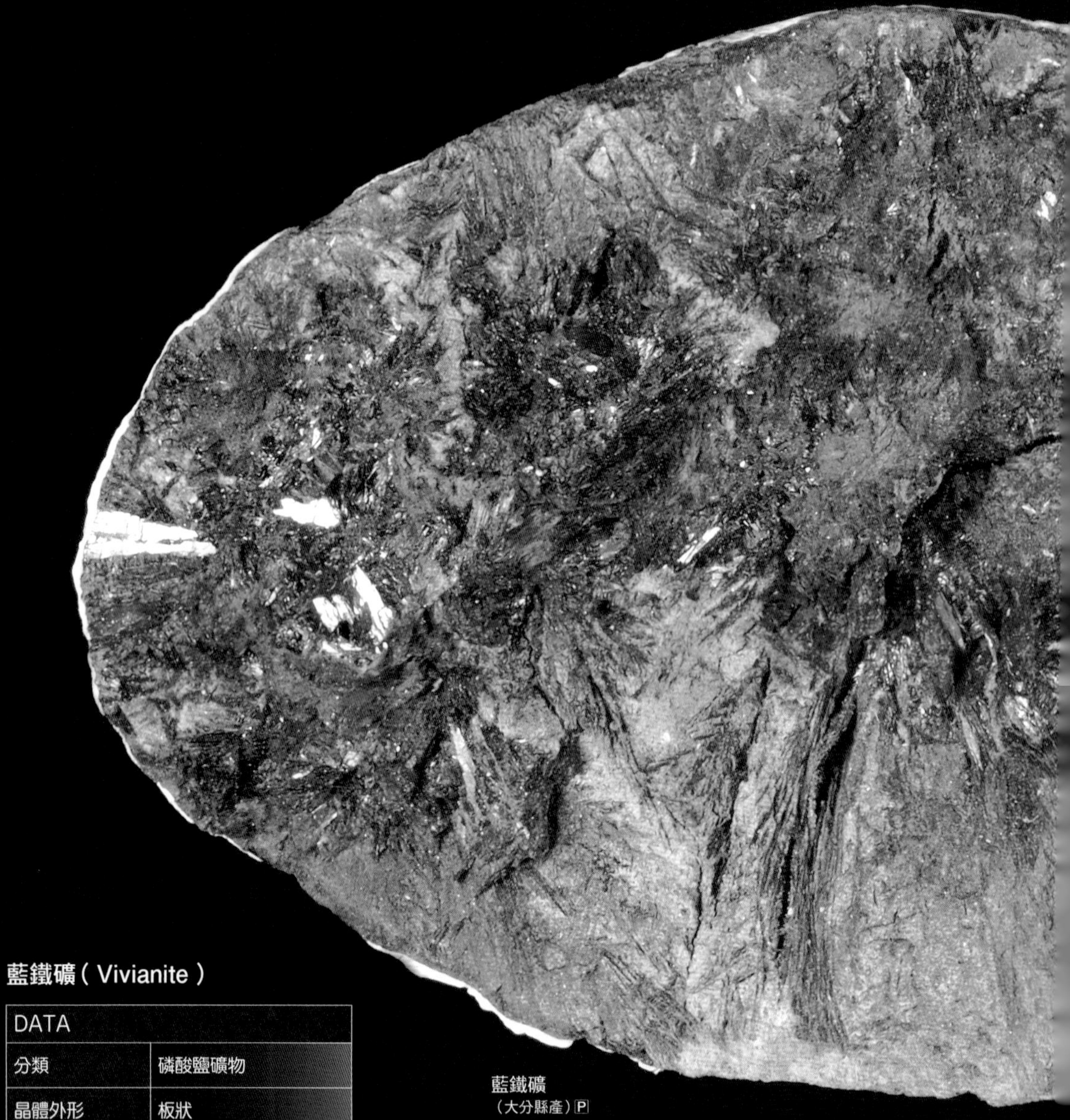

藍鐵礦
（大分縣產）P

藍鐵礦（Vivianite）

DATA	
分類	磷酸鹽礦物
晶體外形	板狀
顏色／條痕	無／無、淡藍
硬度	$1\frac{1}{2}\sim2$
解理	完全
比重	2.7
晶系	單斜晶系
化學組成	$Fe_3(PO_4)_2 \cdot 8H_2O$

藍鐵礦是鐵的含水磷酸鹽礦物。在地底時晶體呈現無色透明，但出土接觸空氣便會氧化而轉為黯淡的藍色。

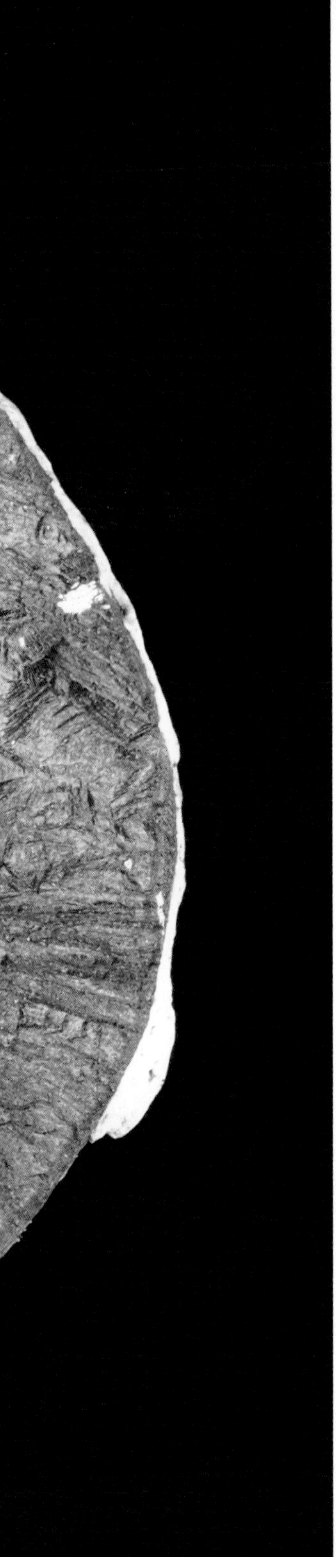

6
生活中
不可或缺的礦物

Minerals essential for everyday life

普遍存在於日常生活中的礦物

對人類生活有益的礦物稱作「礦產資源」。其中，產量多、用途廣的金屬稱作「卑金屬」(base metal)；產量少但具備重要工業用途的金屬，則稱作「稀有金屬」(rare metal)※1。

我們的生活中存在各式各樣的工業材料，建造樓房需要鋼材、水泥，打造列車車體需要鋁等，而這些材料的原料都是礦物。其中，鐵和鋁屬於卑金屬。

至於稀有金屬則是智慧型手機這類電子機器不可或缺的原料。很多不起眼的地方都有用到稀有金屬，例如太陽能面板的材料就包

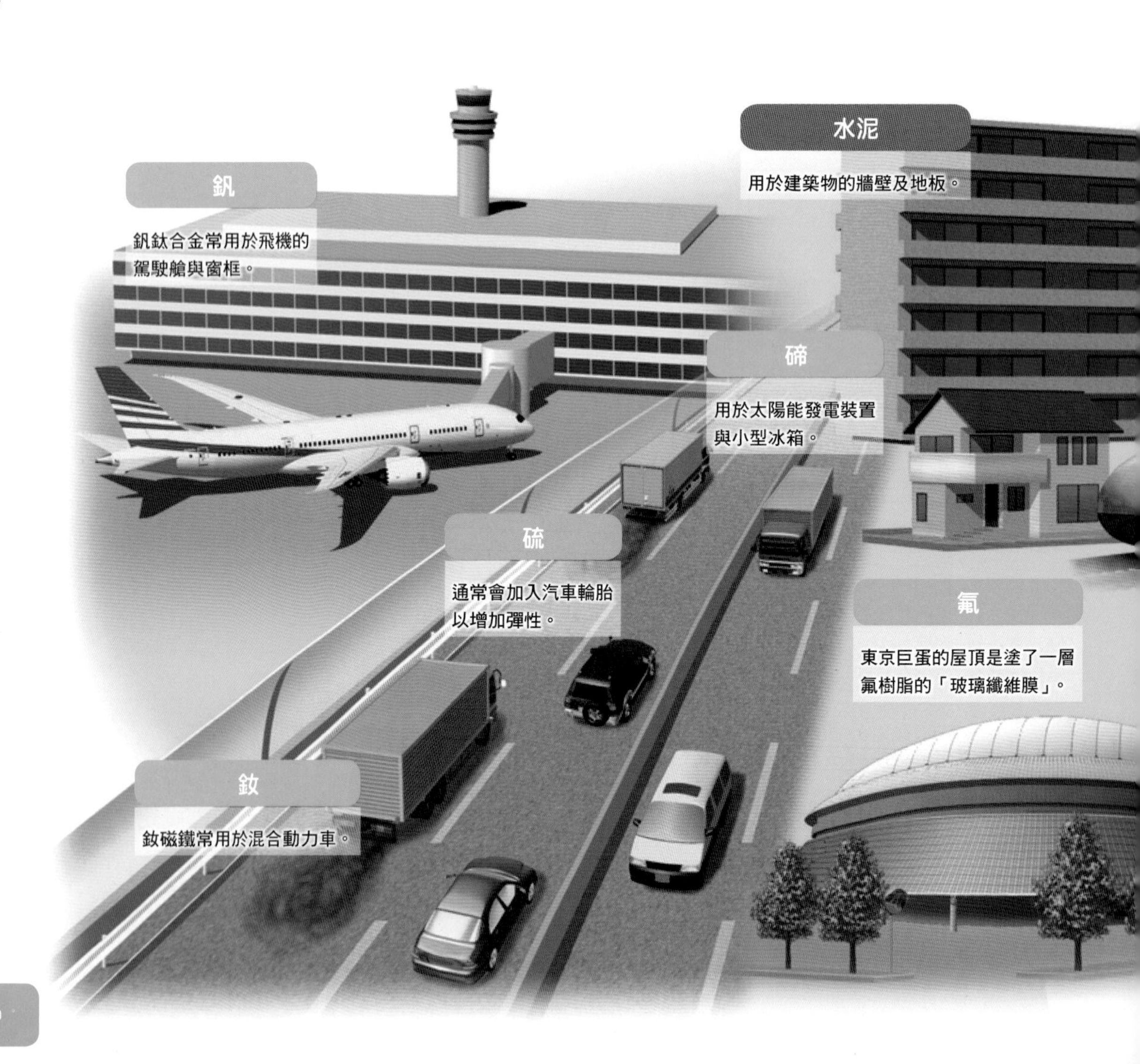

含碲。此外，雖然汽車輪胎的主要原料為橡膠樹產的有機橡膠[※2]，但通常還會加入硫來增加彈力、加入碳提高強度。本章與下一章會介紹各種生活中常見的卑金屬與稀有金屬。

※1：並非科學上的定義，各國皆有自己的標準。日本則是由經濟產業省規定（詳見第178頁）。
※2：以天然橡膠為例。另有合成橡膠。

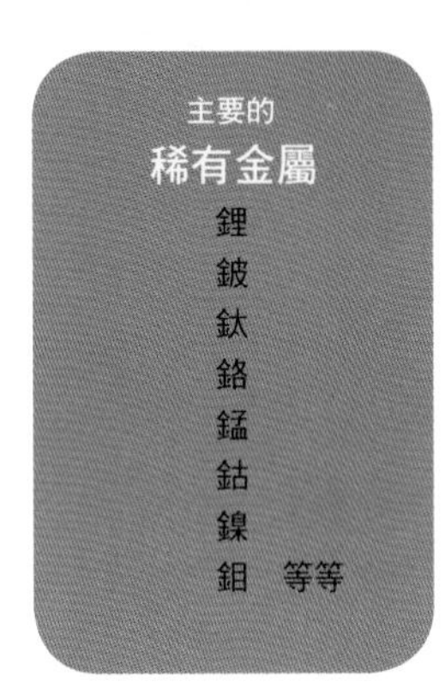

從礦物提煉出來的各種材料

水泥是混凝土的原料，成分包含石灰岩、黏土、矽砂、鐵砂（第170頁）。許多工業產品與建材的原料都是從礦物提煉取得。有些礦物會單獨作為材料使用，也有些會與其他礦物混合使用。

鋼材

用於鋼筋等。

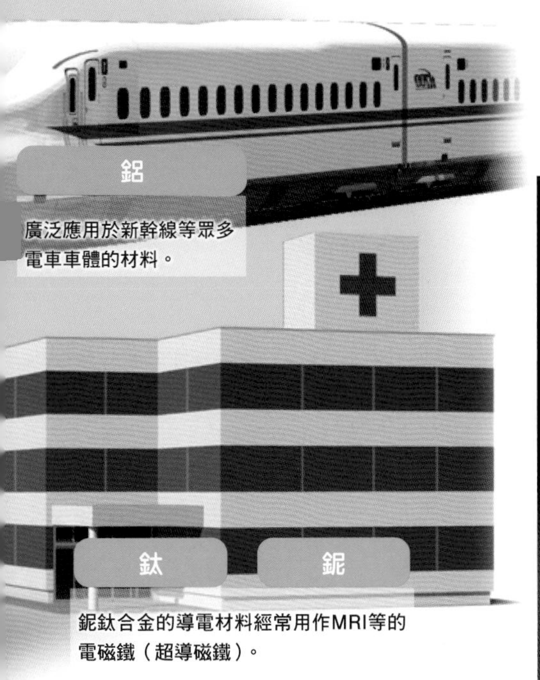

廣泛應用於新幹線等眾多電車車體的材料。

鈮鈦合金的導電材料經常用作MRI等的電磁鐵（超導磁鐵）。

電子機器中經常使用鋰（Li）、鎵（Ga）等多種元素，這些稀有金屬都是從礦物提煉出來的。

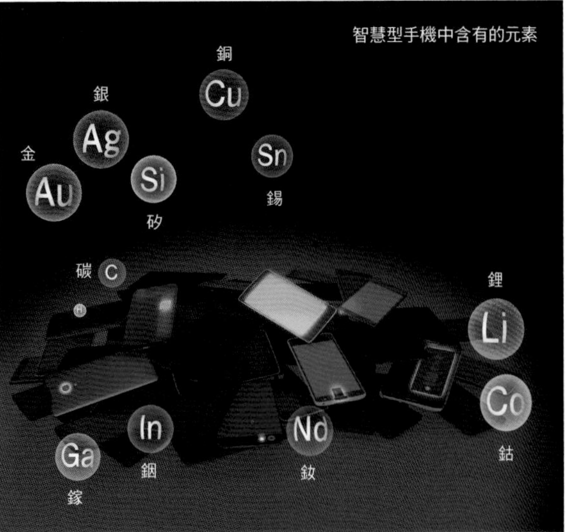

源自於海水的礦物「石鹽」

岩鹽是海水封閉在地層中，經年累月形成的岩石。內陸地區也有一些被陸地圍住的海水，例如鹽湖和內海，當這些地方的水分蒸發、濃縮之後，便會形成石鹽的晶體。而後新的地層覆蓋上去，這些晶體長年受到加壓，便會形成岩鹽層。

石鹽的成分為氯（Cl）和鈉（Na）。包含人類在內，所有動物都是從富含鈉的海洋中誕生、演化而來。鈉是維持生命的必要成分，像我們是透過食用鹽將其攝入體內。

歐洲有許多規模龐大的岩鹽礦山，例如波蘭的維利奇卡鹽礦（Kopalnia soli Wieliczka），坑道總長將近300公里，且至今仍在開採。礦坑底下有一部分還打造成音樂廳，目前名列世界遺產。

全球的鹽產量有4分之3來自遠離海洋的內陸地區※，不過像日本這樣缺乏岩鹽層的地區，較常於沿海地帶汲取海水製鹽。

※來源除了岩鹽，也包含地下鹹水和鹽湖等。

海水製鹽

「天日曬鹽」是一種引海水製鹽的方法，通常出現於降雨量較少的沿海地區。做法是將海水引入鹽田，借助太陽與風讓海水自然蒸發，形成大顆鹽晶體。日本直到1970年代都還會利用鹽田濃縮海水製鹽，不過日本濕度高、雨量豐沛，不太適合天日曬鹽法。因此，現在大多改用「離子交換膜※」將海水過濾成濃縮的氯化鈉溶液，再倒入大鍋中邊加熱邊攪拌，待水分蒸發便能得到鹽晶體。

※可以篩選離子的薄膜。

天日曬鹽法堆成的鹽山

喜馬拉雅山的岩鹽

不同產地的岩鹽帶有不同顏色。照片為巴基斯坦產的岩鹽，帶粉色。巴基斯坦北部為橫跨尼泊爾及印度的喜馬拉雅山脈，堆積了許多古地中海留下的含鹽沉積物。

岩鹽
（巴基斯坦產）P

喜馬拉雅山在古代是一片海

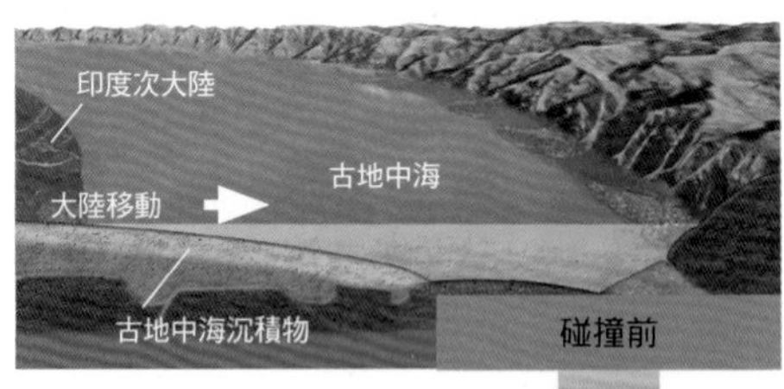

約3億年前，印度次大陸（今印度洋）位於南半球。約2億年前～1億5000萬年前，印度次大陸開始往亞洲大陸移動。

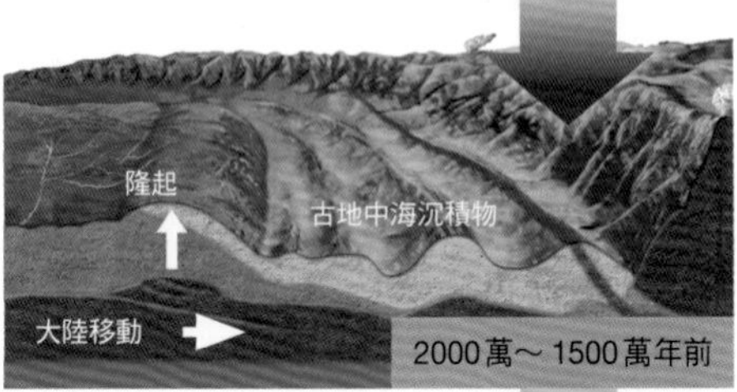

印度次大陸和亞洲大陸之間的古地中海沉積物隨著印度次大陸移動，最後古地中海消失。

印度次大陸與亞洲大陸相撞，導致大地隆起。

喜馬拉雅山脈隆起時將古地中海沉積物帶往地表，形成岩鹽。

鹽分是動物維生的必要成分。照片為阿爾卑斯羱羊（一種山羊）在垂直岩壁上舔食岩鹽。肉食動物會藉由捕食其他動物攝取鹽分，草食動物則藉由舔食岩鹽攝取鹽分。

石鹽（Halite）

DATA	
分類	鹵化礦物
晶體外形	立方體
顏色／條痕	無／白
硬度	2
解理	完全
比重	2.2
晶系	立方晶系
化學組成	NaCl

煉鐵製鋼的原料
磁鐵礦

鐵礦石有許多種類，其中又以磁鐵礦和赤鐵礦為主要的煉鐵原料。

一般經常合稱「鋼鐵」，但嚴格來說鋼和鐵是不同的東西。「鐵」（iron）是一種元素（Fe），純度100%的鐵用途不多；「鋼」（steel）則是在鐵中加了少量碳的鐵合金，用途如建築物的鋼筋。根據不同用途，也經常會加入其他微量金屬製成合金。

製作焦炭與燒結礦

煤炭會以高溫悶燒成「焦炭」（coke），鐵礦、石灰岩則會燒成塊狀的「燒結礦」（sintered ore）。

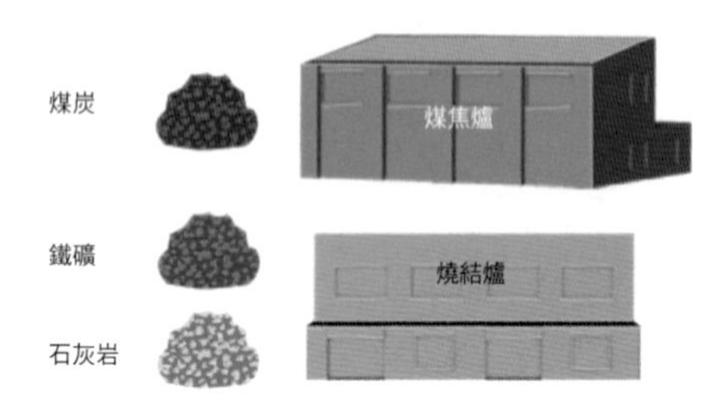

鋼的製程

先將煤炭與鐵礦、石灰岩製成「焦炭」與「燒結礦」，再投入「高爐」以約2000℃高溫加熱，此時熔融的鐵稱作「生鐵（銑鐵）」。後續還會去除雜質，再根據用途分配分量、壓延。鐵是回收技術最發達的材料，許多鐵廢料都能再透過轉爐或電爐熔融，重新做成鋼鐵使用。

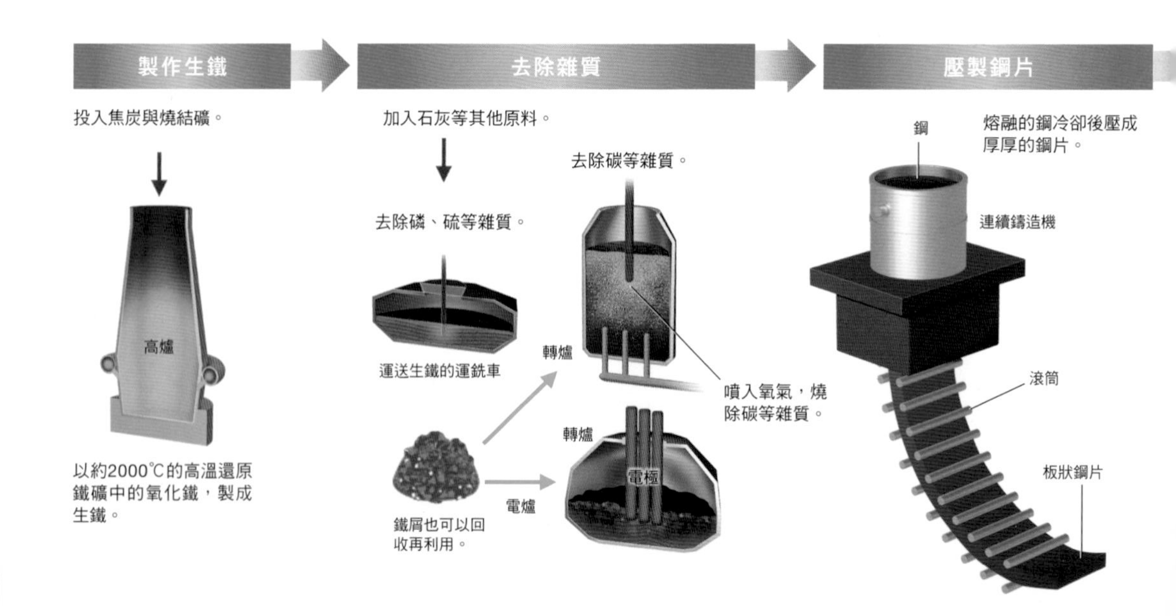

鋼的碳含量愈高愈堅硬。但也不能一味追求硬度而提高碳含量，否則會降低韌性，使受到外力時斷裂的風險提高。鋼鐵往往會依照使用需求，在硬度與韌性之間取得平衡。

磁鐵礦是鋼的原料

世界各地皆有出產磁鐵礦，多以細碎的「鐵砂」型態出現在河川或海洋。具有強磁性，可利用磁鐵蒐集。磁鐵礦與赤鐵礦同為鋼的重要原料。

磁鐵礦
（岡山縣產）P

磁鐵礦（Magnetite）

DATA	
分類	氧化礦物
晶體外形	八面體、十二面體
顏色／條痕	黑／黑
硬度	$5\frac{1}{2}$～6
解理	無
比重	5.2
晶系	立方晶系
化學組成	Fe_3O_4

依用途裁成合適大小 → **壓延** → **製成鋼材**

根據用途製成鋼片。

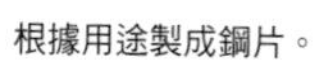
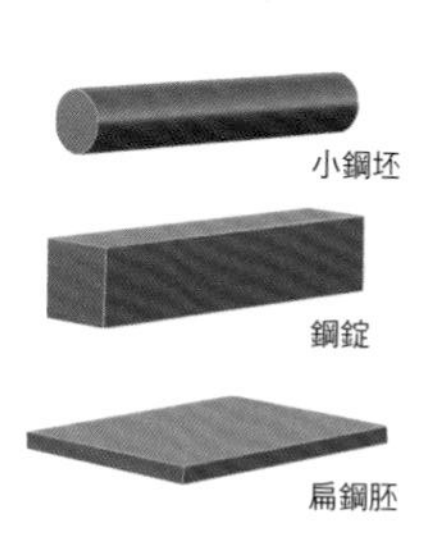

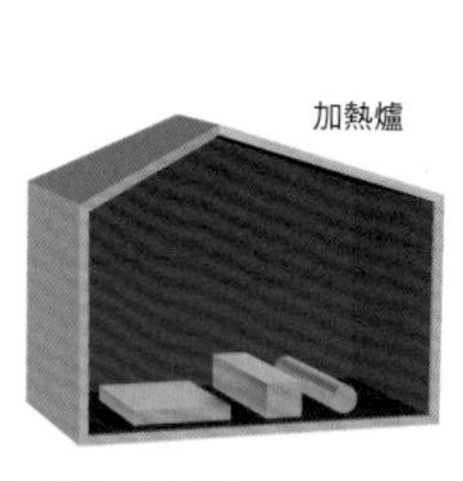

用加熱爐加熱到壓延必要的1200℃，再壓扁延展（熱軋）。壓延可以增加鋼的強度與韌性，同時調整形狀。

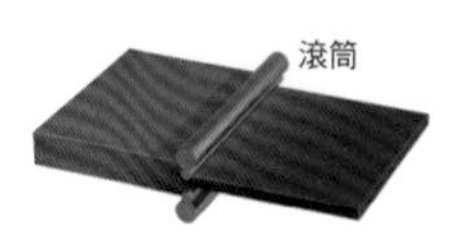

配合目的製成各種形狀的鋼材。

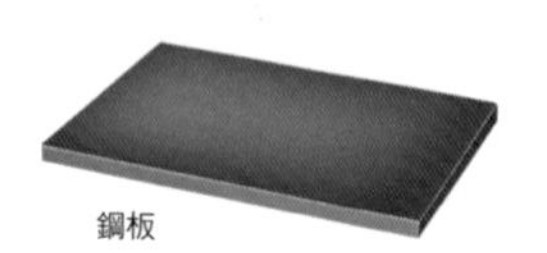

SECTION 65

「磁鐵」是如何製造的

磁鐵具有S極與N極這兩個磁極，相同磁極會互斥，不同磁極會相吸。

電子在原子核周圍繞行的過程會產生磁力。就如下圖所示，鐵釘等物質雖然具備磁域（magnetic domain），但內部分子方向紊亂而抵消了磁力，所以不會變成磁鐵。鐵釘之所以靠近磁鐵會被吸住，是因為原本方向不一的分子在磁鐵的作用下，暫時統一方向的緣故。這種會被磁化的物質，稱作「磁性物質」（magnetic substance）。

有些礦物磁性強，有些礦物磁性弱，有些礦物則擁有反磁性。

用於煉鋼的磁鐵礦擁有強磁性，其他如含鐵（Fe）、鎳（Ni）的鎂鐵礦（magnesioferrite）、鐵鎳礦（awaruite）等也具有強磁性。不過，像是黃鐵礦（pyrite）、白鐵礦（marcasite）這類含鐵的硫化物，則大多不會對磁鐵產生反應。

具有磁性的礦物若要變成天然磁鐵，就必須對其施加像是雷擊這類的龐大能量。現在常用的磁鐵大多都是混合多種物質、人工製造的「永久磁鐵」（permanent magnet）。

永久磁鐵

無論將磁鐵分割得多小，每一塊仍具有N極與S極。永久磁鐵的成分通常含有其他原子，避免原子磁極的方向改變，所以能持續對外施加磁力。至於鐵釘的情況，則是內部鐵原子的磁極依固定排列方向形成「磁域」，但通常N極與S極會相鄰排列，故鐵釘整體並沒有磁力。

永久磁鐵

所有原子的磁極都朝著同一方向排列

N

S

鐵原子

防止鐵原子磁極改變方向的原子

具有磁性

鐵釘

相鄰原子的N極與S極互相抵消磁力

N S

S N

N S

S N

鐵原子

磁域（被磁壁圍起來的部分）

磁壁（橘色線條）

沒有磁性

分割得再小都有N極與S極

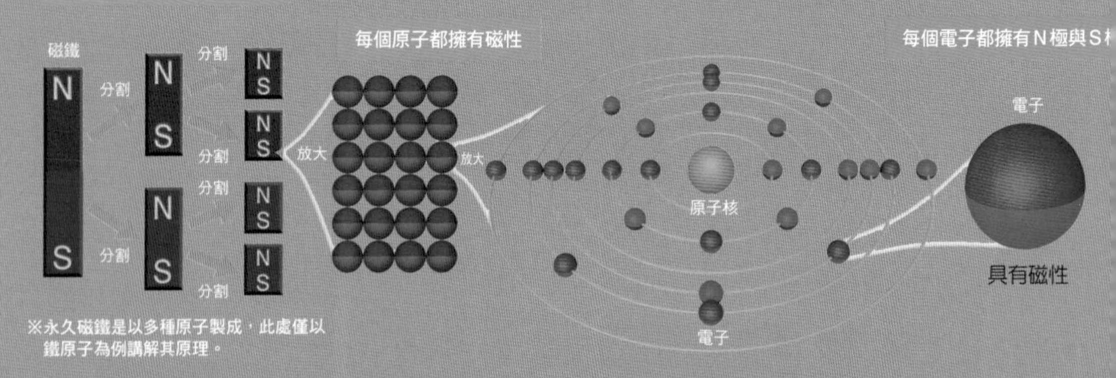

※永久磁鐵是以多種原子製成，此處僅以鐵原子為例講解其原理。

電視音響、智慧型手機、電腦硬碟裡面都有磁鐵。「釹磁鐵」是一種磁力非常強的永久磁鐵，即使隔著一隻手還是能吸起許多迴紋針。

主要磁鐵種類與成分元素

以下為常見的磁鐵種類及其原料。大多磁鐵都屬於「鐵磁體磁鐵」（ferrite magnet），例如白板上的小磁鐵。其中磁力最強的永久磁鐵為釹磁鐵。下方週期表也以顏色標示出磁鐵常用的元素。

種類	鐵磁體磁鐵	鋁鎳鈷磁鐵	釤鈷磁鐵	釹磁鐵
原料	氧化鐵、鋇和鍶等	鋁、鎳、鈷、鐵、鈦、銅等	釤、鈷、鐵、銅、鋯等	釹、鐵、硼、銅、鏑等

強磁性元素

室溫下呈現強磁性的元素單質僅有這3種。

週期表

製作磁鐵時加入微量以上元素，可以改變鐵、釹等原子的電子狀態，增強磁力。

稀土元素

彼此科學性質類似，並且難以從其他物質分離的17種元素。

21 Sc　39 Y　57 La　58 Ce　59 Pr　60 Nd（釹）　61 Pm　62 Sm（釤）　63 Eu　64 Gd　65 Tb　66 Dy（鏑）　67 Ho　68 Er　69 Tm　70 Yb　71 Lu

「鋅」是金屬鍍膜不可或缺的材料

鋅是繼於鐵、鋁、銅之後，消耗量龐大的資源。鋅主要取自閃鋅礦、異極礦（hemimorphite）、菱鋅礦（smithsonite），其中閃鋅礦為最重要的原料礦物。

閃鋅礦可能呈現橘色或紅褐色，含鐵愈多則顏色愈暗沉。

鋅接觸空氣也不易氧化，因此經常用於鋼材等金屬的鍍膜，防止生鏽。另一個例子就是「黃銅」（brass）。

黃銅為銅鋅合金，和黃銅礦的黃銅是不同東西。黃銅礦是一種銅礦石，比黃鐵礦軟，晶體外形也不一樣。

黃銅容易加工且不易生鏽，因此廣泛應用於室內裝潢、樂器加工。鋅含量愈少則色調愈紅、質地愈軟；含量愈多則顏色愈偏金黃、質地愈硬。

鋅的硫化物

鐵含量較高的閃鋅礦顏色比較黯淡。閃鋅礦經常和方鉛礦（鉛的硫化物）一起產出，兩者外形十分相似，因此其名稱在希臘語中也有「易矇騙的」之意。

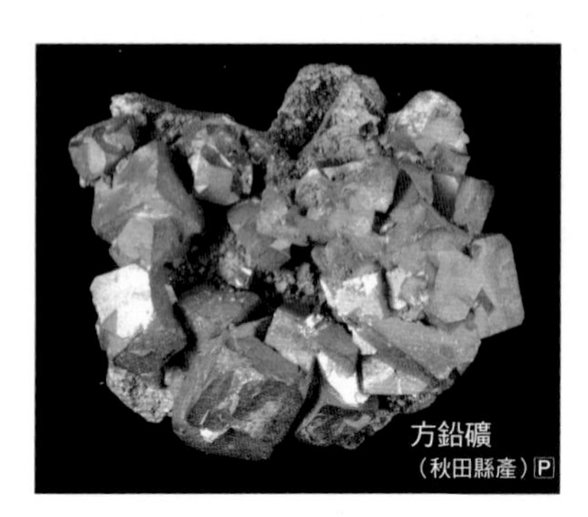
方鉛礦
（秋田縣產）Ⓟ

閃鋅礦
（埼玉縣產）Ⓟ

閃鋅礦（Sphalerite）

DATA	
分類	硫化礦物
晶體外形	正四面體與雙晶
顏色／條痕	鐵黑、褐、紅褐、黃／褐～白
硬度	$3\frac{1}{2}$～4
解理	完全
比重	3.9～4.1
晶系	立方晶系
化學組成	ZnS

代表性的銅礦石

黃銅礦為代表性的銅礦石，具有光澤，外觀似黃金，不過條痕顏色與黃金不同，是帶點綠色調的黑色。黃銅礦產狀多元，有的產自熱液礦脈，有的形成於變質岩礦床，且世界各地皆有出產。

黃銅礦（Chalcopyrite）

DATA	
分類	硫化礦物
晶體外形	四面體
顏色／條痕	黃銅／黑中帶綠
硬度	$3\frac{1}{2}\sim4$
解理	不明顯
比重	4.3
晶系	正方晶系
化學組成	$CuFeS_2$

黃銅礦
（秋田縣產）P

黃銅與電鍍

銅管樂器經常會使用黃銅製作，而黃銅的英語為「brass」，因此以銅管樂器為主的樂隊稱作「brass band」。有些東西外表看起來很像黃銅，但其實只是表面進行「電鍍」處理。電鍍是在物體表面包覆一層金屬薄膜，提高耐久度與強度的加工技術。

避免金屬「生鏽」

除了金和鉑以外，絕大多數金屬接觸氧氣便會生「鏽」（氧化物等化合物），逐漸腐蝕敗壞。為了避免這種情形發生，很多金屬產品表面都會包上一層氧化物的薄膜，稱作「氧化膜」（oxide film）。金屬受到氧化膜保護的狀態稱作「鈍態」（passive state）。

鋁、鉻、鈦等都是常用於製造鈍態（鈍化）的金屬。眾所周知的「不鏽鋼」就是鐵與鉻、鎳的合金，鉻的作用會使不銹鋼整體包覆一層氧化膜，降低生鏽的風險（第188頁）。

鋁其實是一種容易產生化學反應的物質，一旦接觸到空氣便會與氧反應，在表面形成一層氧化鋁（Al_2O_3）。

但表面形成了這層膜之後，膜底下的鋁就不會再與外界的氧反應。換句話說，多虧鋁容易產生化學反應（氧化），才避免了內部的鋁繼續氧化（生鏽）。智慧型手機的鋁製外殼也是藉由均勻包覆厚厚一層氧化膜，得以保持漂亮的光澤。這種鈍化加工手法稱作「陽極處理」（anodizing）。

鋁

鋁在資源的分類上屬於非鐵金屬（鐵以外的金屬），比重約為鋼的3分之1，強度約為鋼的70%※。再者，鋁不易生鏽、熱導率佳，因此廣泛應用於電車車體、電纜線，以及鋁箔紙等日用品。

※與鐵在等重的平均強度下比較。

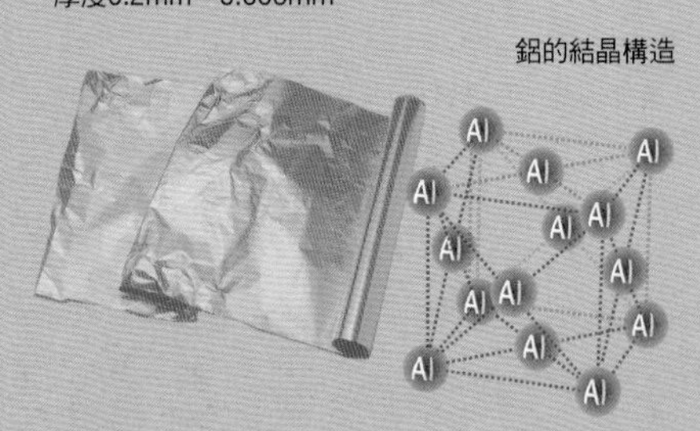

鋁箔是鋁延展而成的產品，厚度0.2mm～0.006mm。

鋁的結晶構造

未經陽極處理的鋁表面

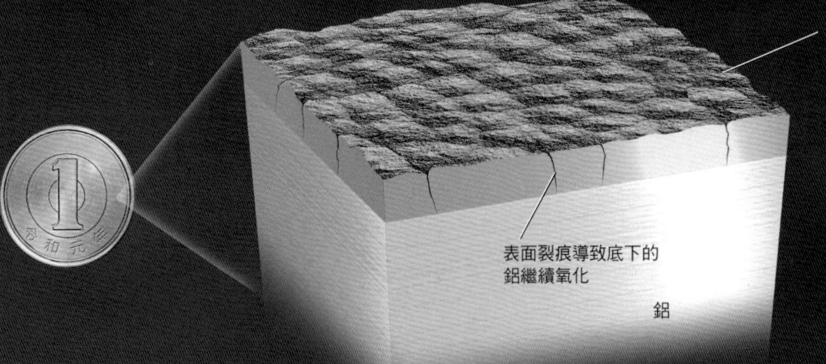

陽極處理過的鋁表面

使物體常保光澤的「陽極處理」

鋁暴露於空氣中會自然而然地產生厚度數奈米（1奈米等於100萬分之1毫米）的氧化膜。自然生成的氧化膜往往厚薄不均、有裂縫，因此底下的鋁還是會緩緩變黑、腐蝕。相較於此，智慧型手機的鋁製外殼則是使用特殊化學物質製成厚度統一、數微米的氧化膜（陽極處理）。有了這層沒有裂隙的厚實氧化膜，手機便能長期維持光澤而不致生鏽。

鋁礬土（bauxite）

又稱為「鋁土礦」，是含有三水鋁石（gibbsite）、軟水鋁石（bohmite）、一水硬鋁石（diaspore）等多種氫氧化鋁礦物的礦石，可提煉出鋁。

於火山噴氣孔形成的「硫磺」

自然硫（硫磺）產自火山口和溫泉地帶。含硫的蒸氣隨著岩漿來到地表，冷卻後便形成硫的晶體。

以特定比例混合木炭（C）、硝石（KNO_3）、硫（S），即可調配出火藥。中國於9世紀前後發明了火藥，10世紀開始出現使用火藥的武器，帶動硫的需求高漲。因此10世紀末至13世紀末的宋朝期間，日本出口了許多硫磺到中國。

日本是火山國度，境內有多座活火山，因此火山口周圍有許多可以地表採礦的硫礦場。

硫除了用於製作火藥，也廣泛應用於工業產品、醫藥品與農藥。現在天然氣和石油的生產過程中即可蒐集到硫※，因此日本的礦場已經全數關閉。

※從原油提煉輕油的過程會產生含有硫化氫（H_2S）的氣體，將這些氣體蒐集起來分離出硫的作業稱作「硫回收」。

火藥的原料

火藥為中國發明，經由伊斯蘭文明傳入歐洲。14世紀，德國發明了火砲。由於中國開採不到製作火藥所需的硫磺，所以過去會從日本與世界各國進口。

（栃木縣產）P

硫磺山（北海道）

硫與噴氣孔

噴氣孔噴出的硫會在周圍廣闊的空間自由結晶，因此硫的晶體相對較大，以黃色至黃褐色居多，含有雜質的情況可能偏灰色或綠色。左方照片為北海道的硫磺山，噴氣孔便有硫形成。該山的硫磺開採歷史可追溯至明治時代，當時硫作為火柴、火藥原料的需求相當大，不過開採活動已於1963年停擺，現在轉型為觀光區。

硫的「臭味」

硫經常令人聯想到溫泉那種特殊的「硫磺臭」。但硫本身並沒有味道，臭味來自「硫化氫」、「二氧化硫」等化合物，而其中硫化氫帶有臭雞蛋的味道，二氧化硫則擁有刺激性臭味。

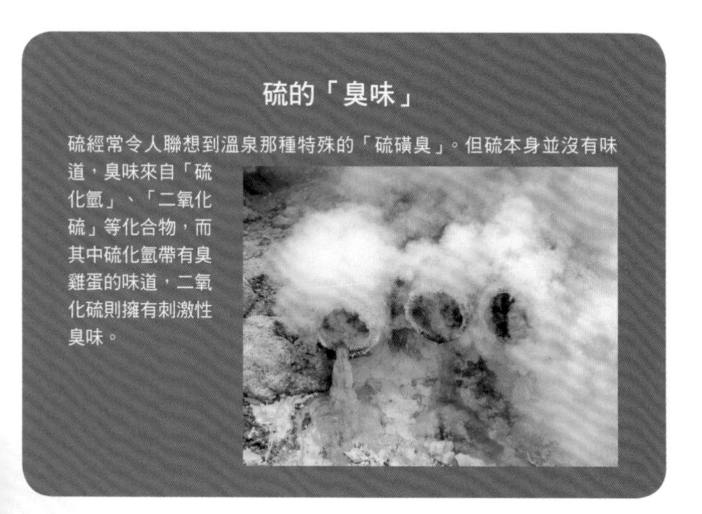

自然硫（Sulfur）

DATA	
分類	元素礦物
晶體外形	四角錐狀
顏色／條痕	黃／白
硬度	$1\frac{1}{2}\sim2\frac{1}{2}$
解理	不明顯
比重	2.1
晶系	斜方晶系
化學組成	S

用於製作陶瓷的「鋯石」

鋯石是鋯、矽、氧構成的礦物，又名「風信子石」。英文名稱的由來眾說紛紜，一般認為是源自阿拉伯語中指稱朱紅色的「zarkun」。

鋯石可以提煉出鋯和鉿。鋯極為耐蝕、耐熱，不易溶解、破裂或變質，因此廣泛應用於精密陶瓷（詳見下一節）與催化劑。

鋯石產自火成岩、變質岩或沉積岩，尤其多見於含有較多矽和長石的花崗岩與閃長岩，透明度較高者可視為寶石。

鋯石含有鈾、釷等放射性元素，因此也適用放射性定年法（詳見專欄）。在西澳大利亞發現的鋯石是目前已知最古老的礦物（第44頁），約在44億年前和大陸一同形成。此外，鋯石照射到紫外線時會發出螢光。

照片為鋯石晶體。鋯石晶體有可能在母岩風化後脫離，變成碎屑。鋯石質硬且重，若由河川搬運便會聚集在砂中，形成漂砂礦床（砂積礦床），稱作「鋯砂」（zircon sand）。

含有放射性元素，明顯會放出輻射的礦物稱為「放射性礦物」。這種礦物的輻射能會造成自身晶格損壞，轉變為非晶質，該現象稱作「輻射變晶」（metamict）。鋯石就是代表性的輻射變晶礦物。

鋯石（Zircon）

DATA	
分類	島狀矽酸鹽礦物
晶體外形	四角錐等
顏色／條痕	褐／白
硬度	$6 \sim 7\frac{1}{2}$
解理	無
比重	3.9～4.7
晶系	正方晶系
化學組成	$ZrSiO_4$

鋯石
（柬埔寨產）P

鋯石的寶石

鋯石寶石有藍色、紅色、黃色等許多顏色，過去無色鋯石還是鑽石的替代品。順帶一提，「立方氧化鋯」（cubic zirconia）並非天然鋯石，而是人工合成的氧化鋯。不過，許多藍色鋯石也會經過熱處理以提高鮮豔度。

專欄 COLUMN　岩石的定年方法

有些原子屬於「放射性同位素※」，會釋放輻射並變成其他原子。物質中的放射性同位素數量減少至原先一半所需的時間稱為「半衰期」（half-life）。每種同位素的半衰期都是固定的，因此只要調查同位素的狀況，即可推算岩石形成的年代。

「鈾鉛法」（uranium-lead method）是一種以鈾衰變為鉛的半衰期來推定岩石年代的定年法。鈾的同位素鈾235與鈾238的半衰期很長，鈾238（^{238}U）衰變成鉛206（半衰期）的時間約為45億年（4.47×10^9年）；鈾235（^{235}U）衰變成鉛207的時間則需要大約7億年（0.704×10^9年）。

※「同位素」為原子序相同、中子數不同的元素。

COLUMN

從陶器到半導體零件都能應用的「陶瓷」

「陶瓷」（ceramics）的英文源自希臘語的「Keramos」，意思是「黏土燒成的東西」。陶瓷原本專指「窯業」產品，即透過高溫窯燒製作的陶瓷器。

不過隨著科技日新月異，人們掌握了如何精準控制陶瓷原料的粒徑與純度，也學會使用氧化鋁、二氧化鋯等天然黏土以外的耐火材料。藉由精密調控成形狀態與溫度，得以生產出性能優異的陶瓷材料。

一般來說，會將傳統窯燒陶瓷器和玻璃等產品稱作「傳統陶瓷」（traditional ceramic），將用於半導體與其他高性能零件的陶瓷稱作「精密陶瓷」（fine ceramic）。

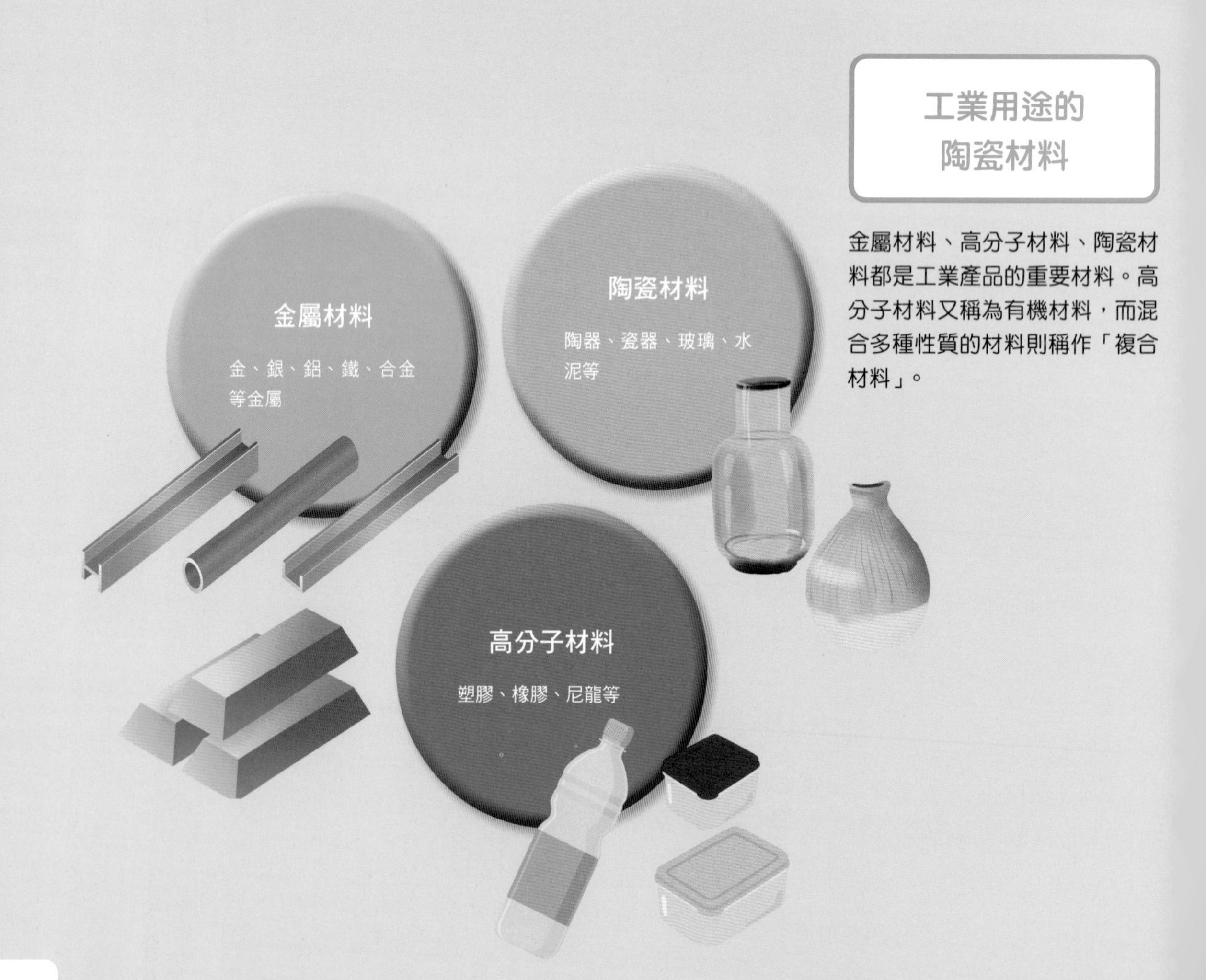

金屬材料、高分子材料、陶瓷材料都是工業產品的重要材料。高分子材料又稱為有機材料，而混合多種性質的材料則稱作「複合材料」。

20世紀以後誕生的「精密陶瓷」

自古以來，人們的生活總少不了各種窯燒陶瓷器，例如壺、盤等餐具與磚塊等建材。隨著20世紀電視和收音機普及，真空管用的陶瓷零件等也陸續被開發出來。此後，各種電子零件的精密陶瓷技術迅速發展。如今除了精密電子儀器，也有不少如精密陶瓷菜刀這類新興產品。

傳統陶瓷

陶瓷器

餐具、磁磚等一般的「陶瓷」。

耐火材料

例如磚頭、焚化爐和引擎零件等。

除了一般玻璃，也包含透鏡等光學材料。

水泥

水泥、石膏也含有陶瓷。

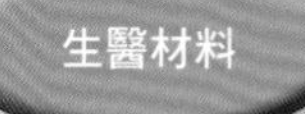

琺瑯（搪瓷）為燒附在金屬表面的玻璃質塗層。

精密陶瓷

電磁材料

絕緣礙子與矽晶圓等半導體產品，以及許多電子零件都含有精密陶瓷。矽晶圓是以高純度的矽製成的薄片。

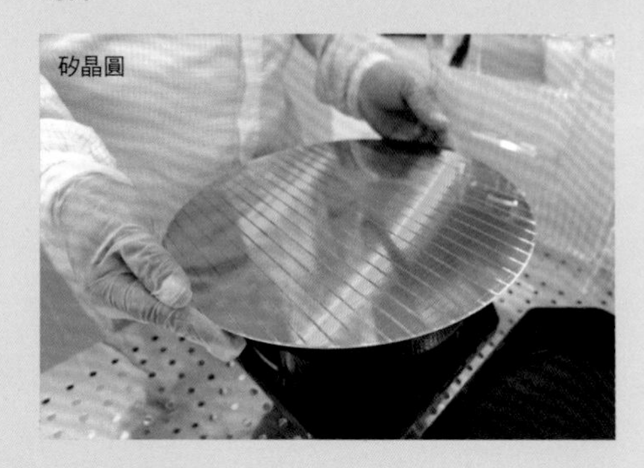

生醫材料

人工骨骼與牙冠等也是以精密陶瓷製成。

用於製作陶瓷的黏土礦物「高嶺石」

黏土是由粒徑256分之1毫米以下的礦物聚集而成的物質（第55頁）。

黏土含水時質地柔軟，可以隨意塑形，因此紙張發明之前的美索不達米亞文明會在黏土板上刻字。再者，黏土經過燒烤會硬化，故自古以來也用於製作碗盤、壺等陶瓷器。

黏土礦物為製作黏土的原料，代表性礦物為「高嶺石」。高嶺石是長石等礦物因風化或熱水作用分解、變質而成的產物，屬於層狀的矽酸鹽礦物，結晶構造為矽與鋁層層交疊。礦物名稱源自產地 —— 中國的高嶺地區。

陶瓷器包含「陶器」與「瓷器」，原料為「陶土」，通常成分包含高嶺石、長石、矽石（石英）。陶器的表面又依陶土中各成分的含量※，分成吸水性較佳的多孔質與吸水性較差的玻璃質。不同產地的陶瓷製品也會反映陶土的成分與比例，形成該地特色。

※成分也會影響燒製所需溫度。

雖然高嶺石外觀呈現塊狀，但其實是由肉眼無法辨別、直徑數微米以下的細小晶體集結而成。

高嶺石
（栃木縣產）N

高嶺石（Kaolinite）

DATA	
分類	葉狀矽酸鹽礦物
晶體外形	塊狀
顏色／條痕	白、灰、淡褐／白
硬度	$2 \sim 2\frac{1}{2}$
解理	完全
比重	2.6
晶系	單斜晶系、三斜晶系
化學組成	$Al_2Si_2O_5(OH)_4$

陶器與瓷器的差異

瓷器是透過較高的燒製溫度，使長石玻璃質融化、覆於表面，形成光滑的觸感，其中所含的矽石則有助於增加硬度。另一方面，陶器的成分中較少長石、矽石，因此表面呈現觸感較為粗糙的多孔質，吸水性也較好。

產地的不同特徵

許多陶瓷器會冠上產地名稱，例如日本的「有田燒」、「瀨戶燒」、「美濃燒」。佐賀縣有田的有田燒（伊萬里燒）就是以美麗的白瓷著稱。愛知縣常滑市的常滑燒使用含有較多氧化鐵的陶土，故呈現俗稱「朱泥」的朱紅色澤※。

※有些是加入弁柄（氧化鐵製成的顏料）。

瓷器	陶器
・長石、矽石含量多 ・高溫燒製 （約1200℃～1400℃）	・長石、矽石含量少 ・低溫燒製 （約800℃～1200℃）

有田（伊萬里）燒

常滑燒的朱泥茶壺

釉

無論是陶器還是瓷器，塑形完畢後都可以於表面塗上玻璃質的「釉」再拿去燒製，打造光滑的表面、提高防水程度。上釉之前，先將坯體以低溫烘至硬化的作業稱作「素燒」。釉的原料大多為長石，包裹體成分會直接影響釉的成色。也有不少混合了其他成分的釉，例如混合草木灰燼等鹼性成分的「灰釉」、混合鐵的「鐵釉」。

底部的線條為沒有上釉的部分，質感較粗糙。

COLUMN

水泥與混凝土的原料都是「石灰岩」

混凝土是現代建築必不可少的材料。

混凝土是將砂、礫加入水泥調配而成，水泥則是由石灰岩和黏土等材料燒製而成※1。作為建材資源俗稱「石灰石」，科學上稱為石灰岩，主成分為碳酸鈣形成的方解石。

水泥和混凝土的歷史相當悠久，早在9000年前便有運用類似材料的紀錄※2，但直到羅馬時代才廣泛應用於建築物。羅馬的萬神殿就是使用火山灰、海水、火山岩骨材※3混合而成的「羅馬混凝土」（Roman concrete），即使過了2000年仍屹立不搖。

現代最大宗的水泥類型為「波特蘭水泥」（Portland cement）。這種水泥凝固後的質感類似英國波特蘭島產的「波特蘭石※4」，因而得名。

※1：半成品稱作「熟料」（clinker）。
※2：從以色列依夫塔夫（Yiftah El）遺址等地發現了近9000年前的混凝土。
※3：砂、礫等原料稱作骨材。
※4：一種石灰岩。

水泥是混凝土的原料

水泥的原料包含黏土、石灰岩、爐渣※，半成品的狀態稱作熟料。混凝土和砂漿則是水泥中添加砂、礫、水，增加分量與強度製成的材料。水泥和混凝土都有許多種類，各有不同的製程和成分，有多種用途。以下列舉代表性的例子。

※製鐵時衍生的殘渣。

其他混合材料 | 水 | 砂 | 礫 | +

混合

混凝土

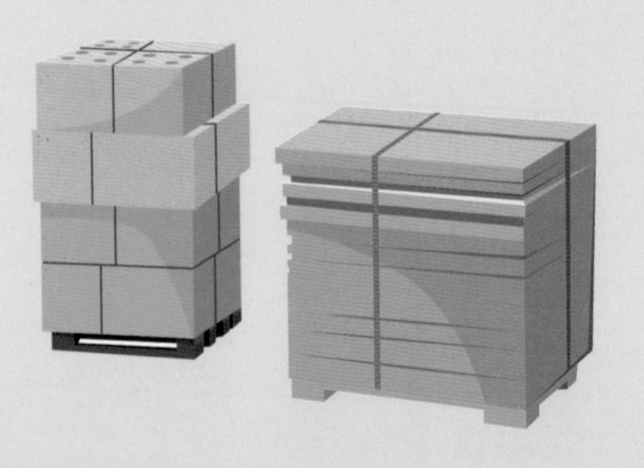

原料

黏土 | 其他材料（例如爐渣） | 石灰岩

混合後以1500℃加熱

熟料 ＋ 石膏

磨粉

水泥 ＋ 水 ＋ 砂 ＋ 其他混合材料

・以水泥砂漿為例

攪拌均勻

砂漿

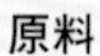

石灰岩
（栃木縣產）Ⓟ

水泥之所以會凝固

我們常說「等水泥乾」，這種講法其實不太正確，因為水泥並非藉由水分蒸發而硬化。水泥的原料含鈣、矽、鋁、鐵等元素，其中的鈣離子會與水反應（水合反應）形成「水化物」晶體。這個過程會逐漸吸附砂礫，慢慢硬化。

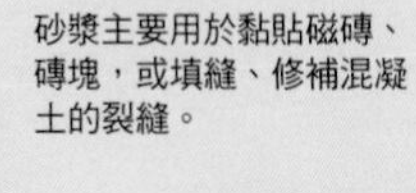

砂漿主要用於黏貼磁磚、磚塊，或填縫、修補混凝土的裂縫。

耐熱玻璃的原料「硼酸鹽礦物」

原子序5的「硼」是動植物身上不可或缺的元素。

天然的硼幾乎都是以「硼酸鹽」的氧化物形式存在，不存在單質。

例如硼砂、鈉硼解石都是硼酸鹽礦物。

將纖維狀晶體的硼鈉解石放在紙上，底下的字看起來會有往上浮的錯覺，因此硼鈉解石又稱作「電視石」。

硼酸鹽礦物主要產自鹽湖蒸發形成的蒸發岩（evaporite）。硼的用途包含肥料、木材防腐劑、除蟲劑，加入玻璃當中還能提高耐熱度與硬度，做成「硼矽玻璃」，再加工製成燒杯、燒瓶等化學器具。

別名「電視石」

鈉硼解石又名「電視石」。從側面觀察時，由於光被其纖維狀晶體散射，會呈現如下方照片的不透明貌。若順著纖維方向觀察則光線通暢無礙，因此垂直觀看時，底下的文字會有浮上來的感覺，如右方照片所示。

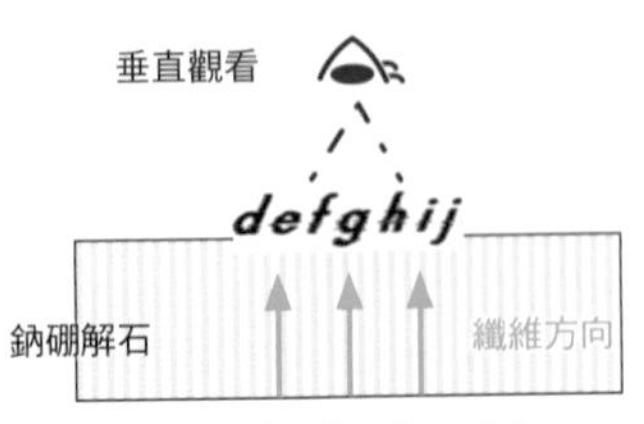

（美國產）P

也有可能出現纖維狀晶體集合體。
（美國產）P

鈉硼解石（Ulexite）

DATA	
分類	硼酸鹽礦物
晶體外形	纖維狀
顏色／條痕	無／白
硬度	$2\frac{1}{2}$
解理	完全
比重	2.0
晶系	三斜晶系
化學組成	$NaCaB_5O_6(OH)_6 \cdot 5H_2O$

亦可作為肥料

硼（B）與氮（N）、磷（P）、鉀（K）都是植物生長所需的元素，農業肥料就經常包含硼酸鹽。植物若缺乏硼會成長遲緩，若攝取過多則會產生毒性。原子符號B源自阿拉伯語和波斯語的「Buraq、burah」，意思是「硼砂」。

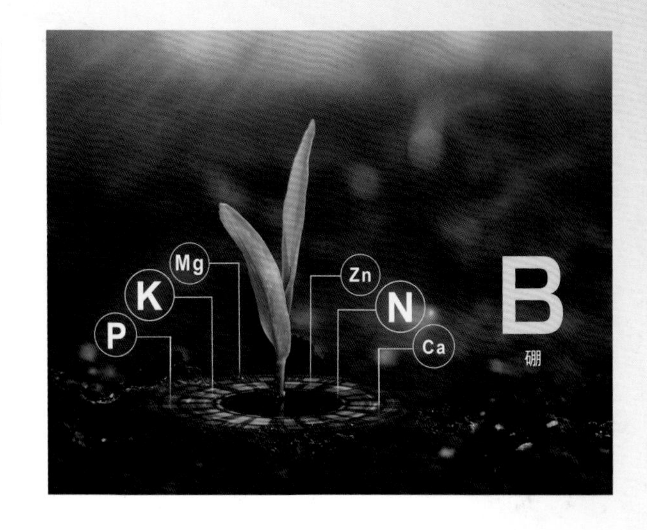

燒杯和燒瓶的材料「硼矽玻璃」含有硼，膨脹係數較低、耐熱，足以承受各種化學反應。硼的質地可軟可硬，視情況而定，兒童玩具「史萊姆黏土」就含有硼酸化合物。此外，陶瓷的釉藥也含有硼。

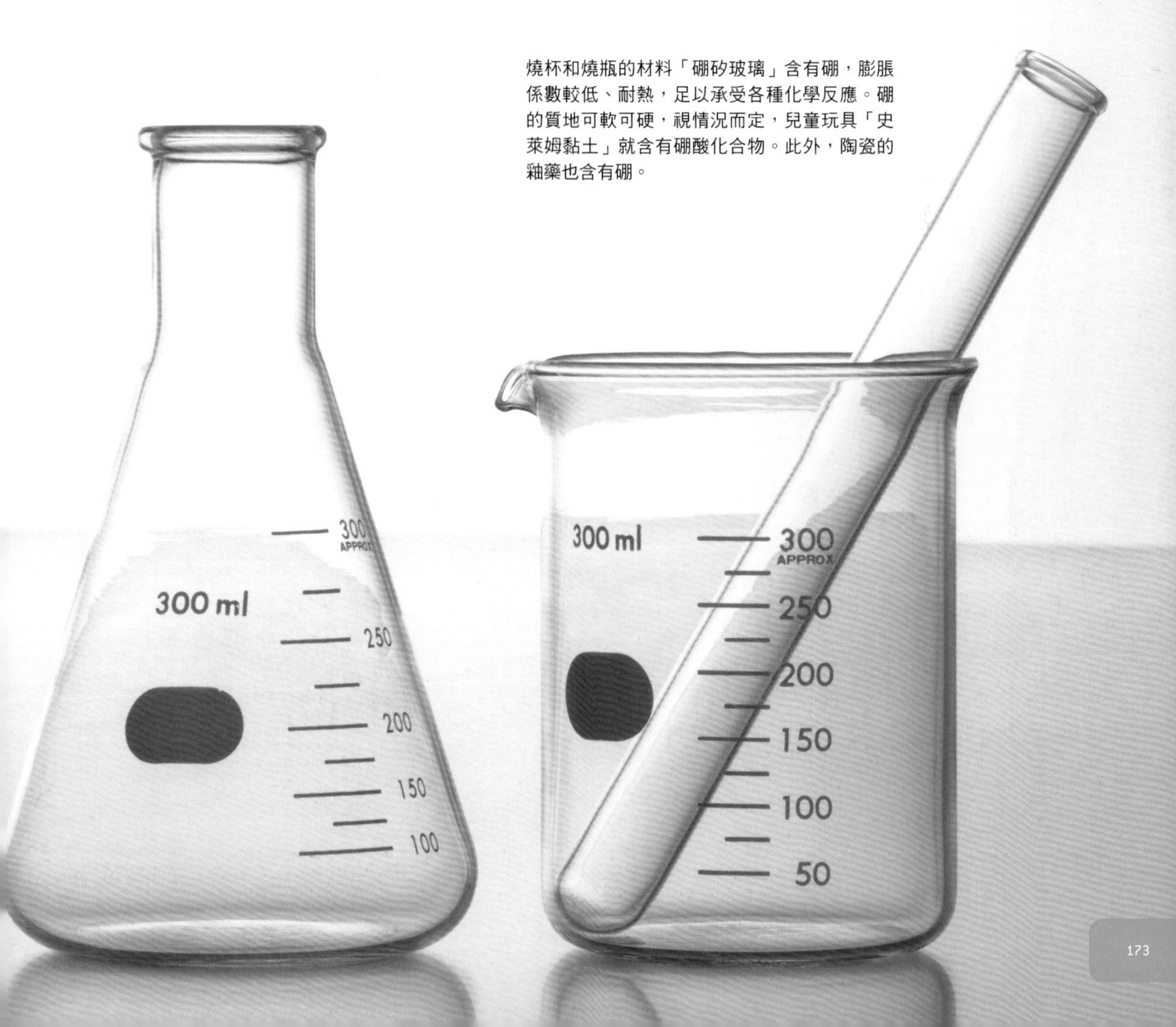

輝銻礦
（兵庫縣產）N

輝銻礦是稀有金屬「銻」的原料，主要產於熱液礦床。偶有宛如日本刀一般優美的晶體。日本愛媛縣的市之川礦山便是以美麗的輝銻礦晶體著稱。

7 工業不可或缺的稀有金屬原料

Rare metals indispensable to industry

輝銻礦（Stibnite／Antimonite）

DATA	
分類	硫化礦物
晶體外形	柱狀
顏色／條痕	鉛灰／鉛灰
硬度	2
解理	完全
比重	4.6
晶系	斜方晶系
化學組成	Sb_2S_3

先進技術不可或缺的稀有

稀有金屬（rare metal）即含量稀少的金屬，不僅產地侷限，精煉也不容易。

之所以堅持使用如此稀有的原料，原因在於稀有金屬擁有優越的強度與耐熱、耐蝕能力，而且有助於機械零件小型化，促成裝置輕量化、節能化。

再者，某些稀有金屬還擁有催化劑功能而有助於環保，例如鉑可以用於淨化廢氣。舉

使用稀有金屬可以達到高性能、小型化

稀有金屬通常有兩個用途：提升產品的性能或縮小馬達等零件的體積。有些鋼材也可以藉由混合稀有金屬來提升強度。

高性能材料		
特殊鋼	液晶	電子零件
鎳、鉻等	銦等	鎵等

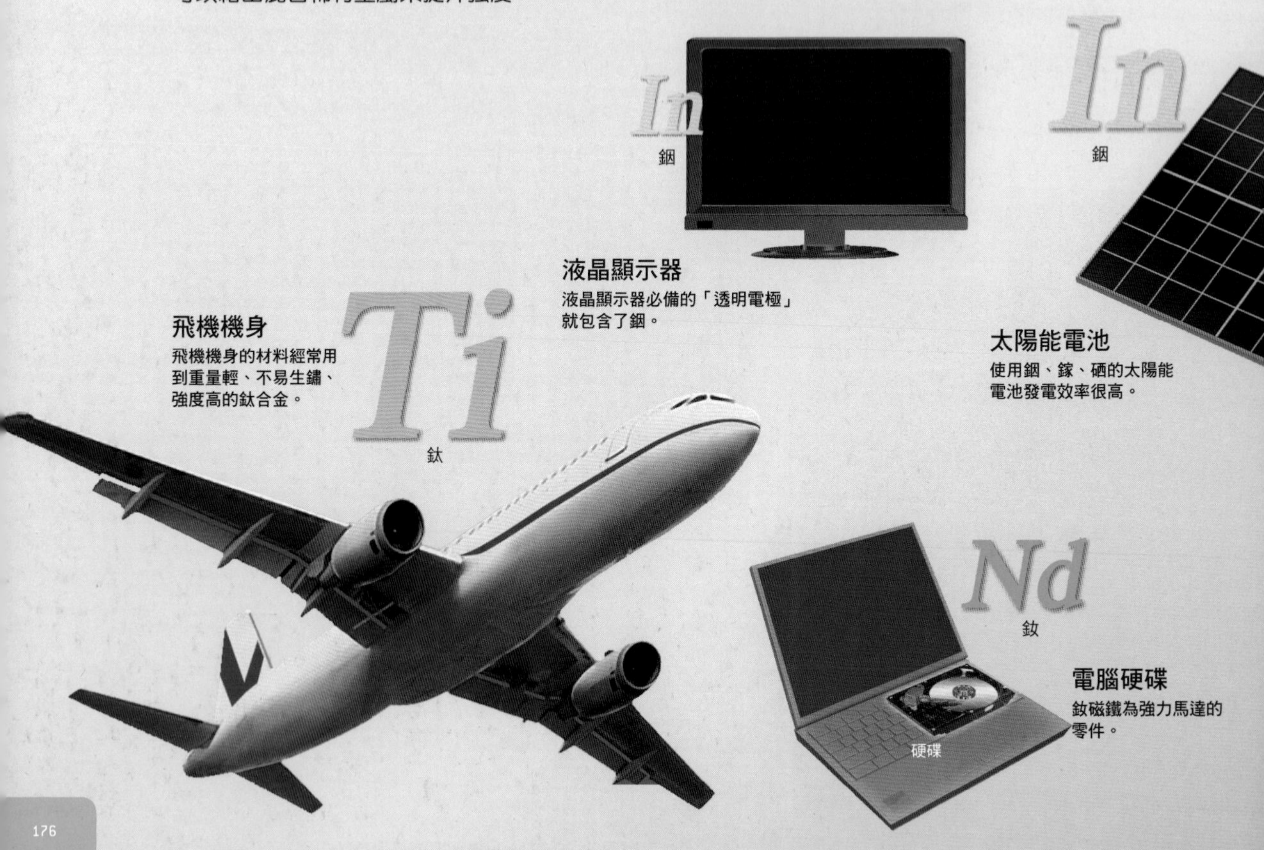

金屬

凡汽車、電腦與各項電子零件，材料都少不了稀有金屬。

本章就要來介紹這些稀有金屬。

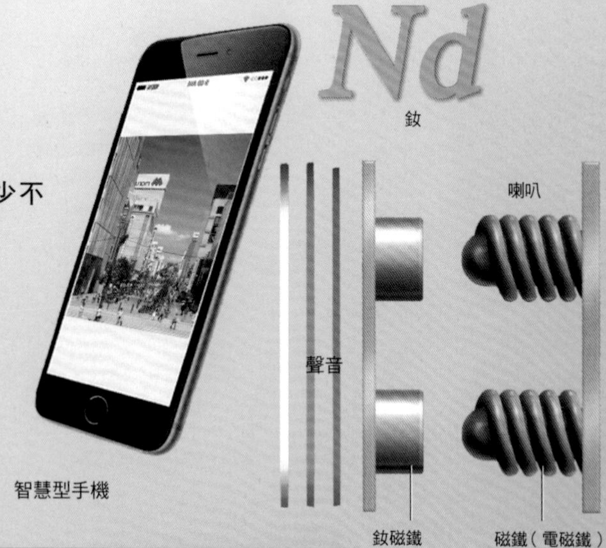

小型化、輕量化、環保用途			
磁鐵（小型馬達）	小型二次電池	高硬度工具	廢氣淨化
釹、鏑等	鋰、鈷等	鎢、釩等	鉑等

智慧型手機的喇叭

智慧型手機的喇叭是利用磁鐵反彈的力量震動零件板，讓空氣產生振動而發出聲音。

汽車用到的稀有金屬

汽車的廢氣淨化裝置會用到鉑，混合動力車的馬達會用到含鏑的釹磁鐵。電動車的電池則是使用鋰離子電池。

列為稀有金屬的元素

稀有金屬並沒有明確的定義，單純取決於取得難度。右圖元素表以顏色標示出日本經濟產業省認定的47種稀有元素，以及多數學者認為的7種稀有元素，共54種。

鋁曾歸類於稀有金屬，在大約150年前還是進貢給法皇拿破崙（Napoleon Bonaparte，1769～1821）的珍品，後來有人研發出革命性的精煉技術，鋁就此成為卑金屬。

相較於其他原料，稀有金屬的產地通常侷限於某些地區，比方說有80%的稀土元素（rare earth）※都產於中國（見下方圖表）。

產地分布極度不均，並不只是因為這些元素的產狀特殊。好比說世界各地都能開採到稀土元素，只是提煉成本很高，對環境的負擔也很大，因此往往出產於勞動力相對便宜、環保法規較不嚴格的地區。

下一節會介紹為何稀有金屬的生產成本這麼高。

※ 稀土元素為17種元素的總稱（第184頁）。

都市礦山

手機、電腦的零件含有金、鉑、鈷等金屬，若能將這些廢棄產品中的資源提取出來重新利用，廢棄產品也能視為金屬資源的礦山，此即「都市礦山」的概念。目前科學家正致力於發展這項回收技術。

稀有金屬的主要生產國

僅有右表少數幾個國家在生產、供給稀有金屬，一旦供需失衡，價格就會嚴重波動。

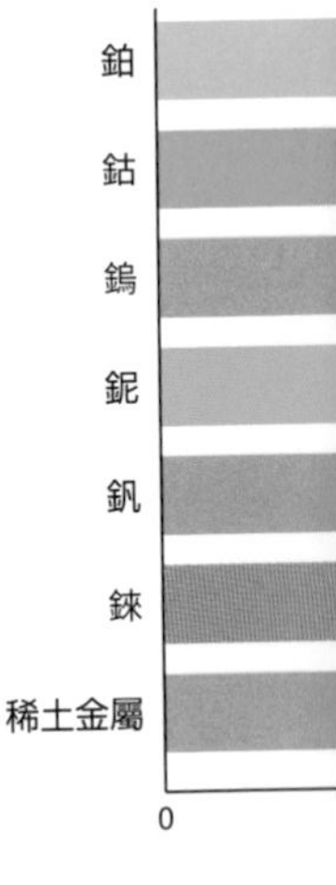

從週期表看稀有金屬

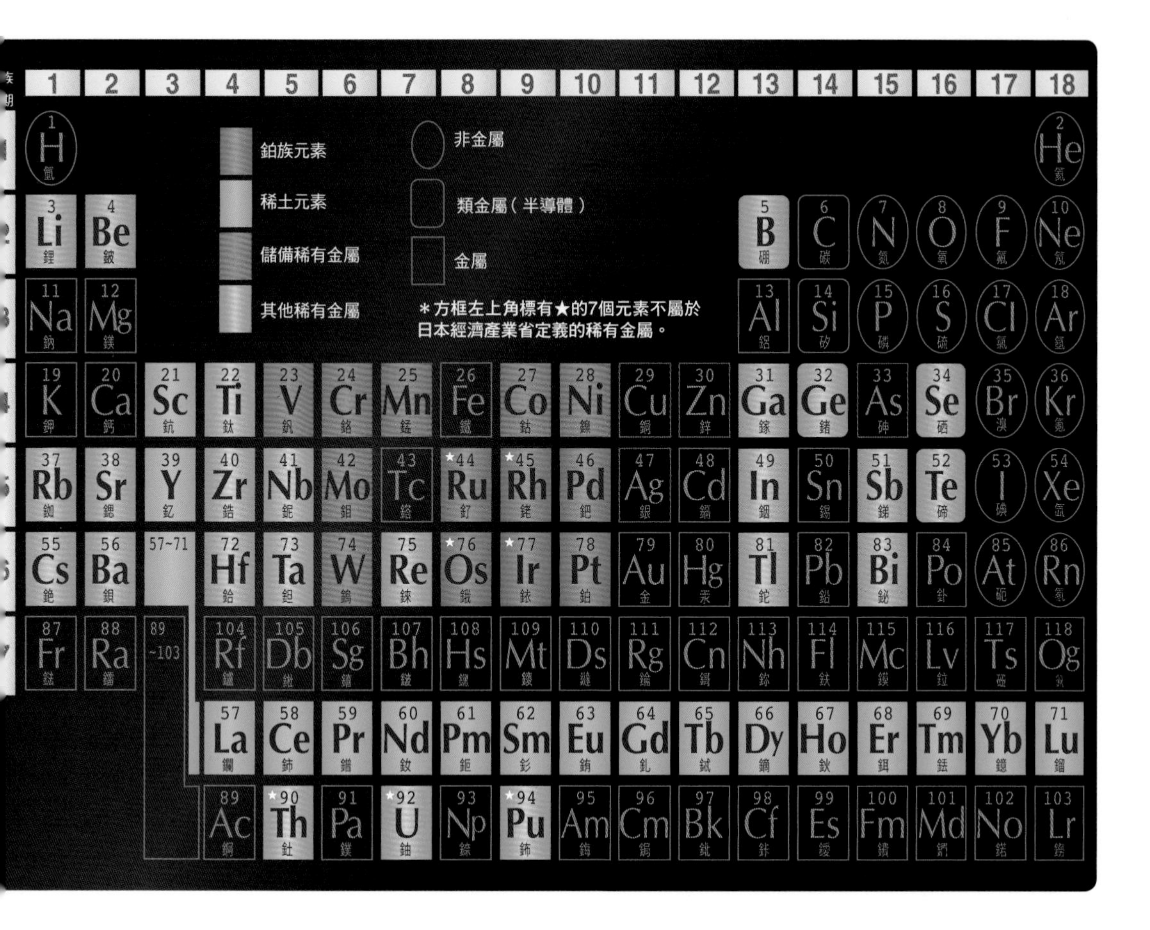

根據GLOBAL NOTE公司的統計資料（2016～2018年）

南非 72%　俄羅斯 12%　辛巴威 8%　其他

主共和國 57%　澳洲 5%　古巴 5%　俄羅斯 5%　其他

中國 82%　越南 8%　其他

巴西 88%　加拿大 10%

中國 56%　俄羅斯 25%　南非 11%　巴西 8%

智利 55%　美國 19%　波蘭 17%　其他

中國 80%　澳洲 4%　其他

40　60　80　100（%）

某些元素並非儲量特別少只是無法集中產出

地殼※中的稀有金屬含量極少，總共只占所有元素的0.8%（右頁圖表）。光看這個數字，可能會以為所有稀有金屬的產量都很少，其實也不盡然。地殼中有些稀有金屬的含量比卑金屬還多，只是基於某些原因導致生產不易。

第一個原因是有些元素「含量不少，但是難以集中產出」。比方說，釩在地殼中的含量比銅還多，卻分散於各處，因此很難一次取得充足的分量。另一個例子，鉑原礦的鉑含量很低，1公噸左右的原礦只能提煉出5公克的鉑。下一節再談談第二個原因——「精煉費工」。

※厚度約30公里的地球表層。

開採不易的釩

釩在地殼中的濃度約為160ppm。1ppm代表1公噸的地殼中含有1公克的該元素。反觀非稀有金屬的銅在地殼中的濃度為55ppm，代表釩的濃度比銅還要高。話雖如此，釩卻如圖所示般四散於各處，比起集中產出的銅更難開採。

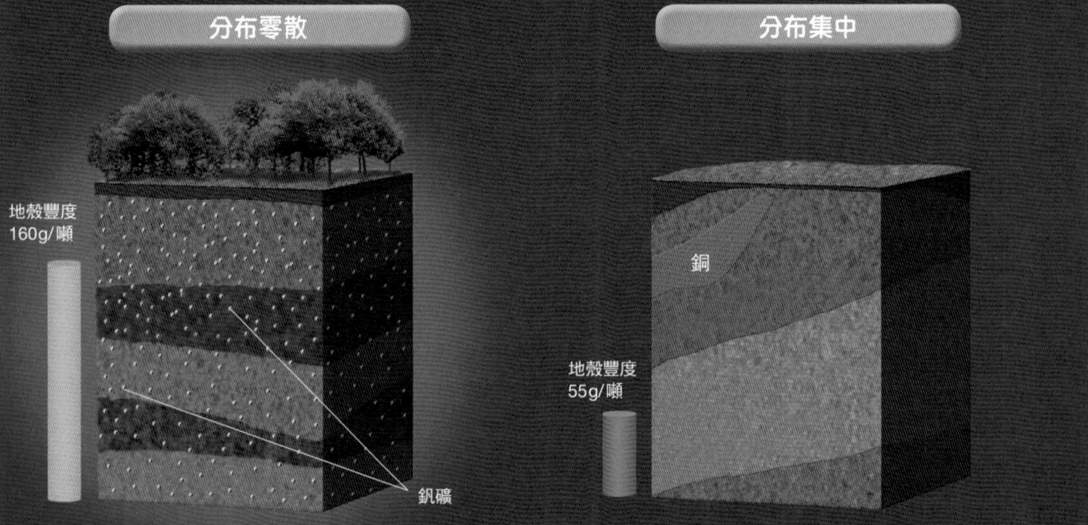

地殼中各種元素的占比

右圖為地殼中各種元素的占比。稀有金屬不僅產量少，產地也很侷限。上方照片為南非輸送鉑礦石的設備。南非的鉑產量占了全球近4分之3，次多者為俄羅斯。光這兩個國家就占了總產量的90%。

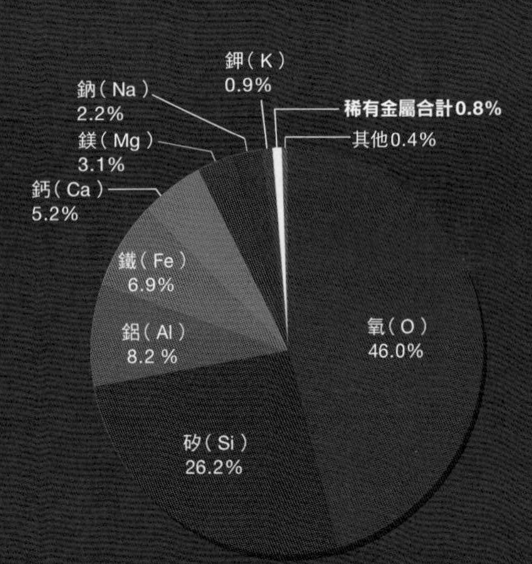

1公噸的原礦 只能取出5公克的鉑

為了取得5公克的鉑，就得用上1公噸的原礦。5公克的鉑若打造成戒指，也不過大約1.5枚戒指的分量，而且還是偏細的白金戒指。

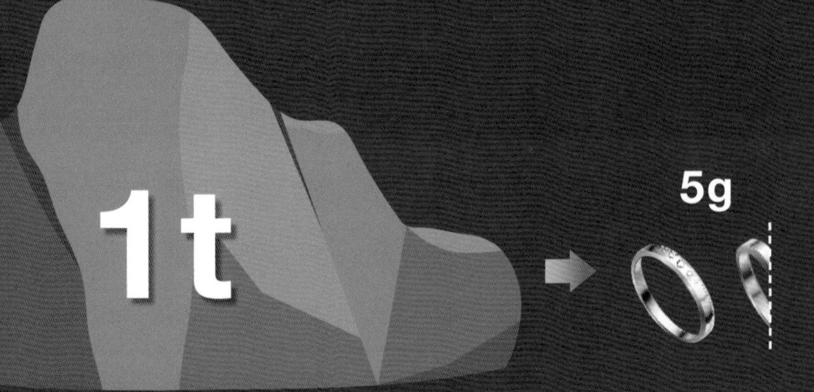

SECTION 75

某些元素含量豐富 但精煉過程費工又耗時

得大費周章才能從礦石中取出的「鈦」（Ti），含量並不少。

地殼每公噸含鈦5400公克（5400ppm），豐度略低於鉀（9100ppm），甚至比卑金屬的銅含量多了兩個位數。單看含量，甚至能說是取之不盡的稀有金屬。

然而，鈦的產能非常低，從礦石中取出純鈦金屬的過程需耗費大量電力與時間。

就是因為生產技術方面的難題，鈦被歸類為稀有金屬。

但過去也不乏鋁這種因為精煉技術進步而從稀有金屬變成卑金屬的元素，只要高效率的精煉技術成熟，鈦也有機會脫離稀有金屬的行列。

鈦的精煉工程（克羅爾法）

插圖所示為鈦的精煉工程。最後得到的海綿鈦可以溶解成「鈦錠」，再根據用途壓延、鍛造、鑄造。

去除鐵

先與碳一起加熱，去除鐵。

與氯氣反應

鈦與氯反應，生成四氯化鈦（$TiCl_4$）。

蒸餾

蒸餾提高四氯化鈦的純度。

製成海綿鈦

照片為四氯化鈦與鎂反應的過程（下圖第四道工序）。加熱至大約900℃的鎂金屬與四氯化鈦反應，藉由鎂的還原作用即可形成海綿鈦。克羅爾法（Kroll process）的原理是以鎂當作還原劑，因此又稱作「鎂還原法」。

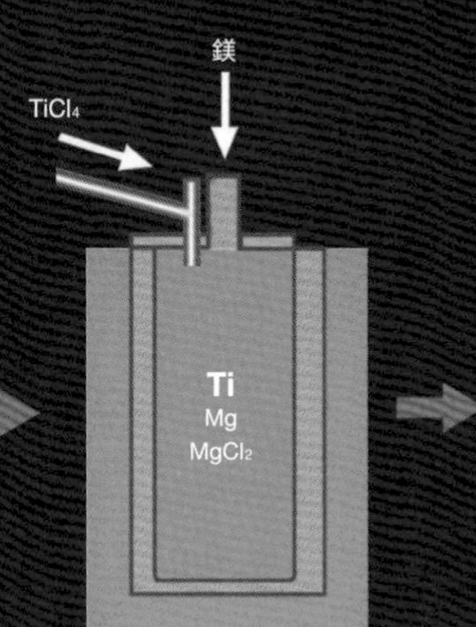

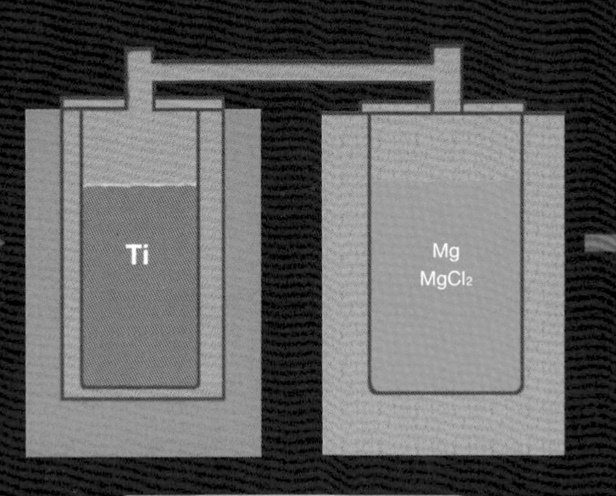

與鎂反應

融化的鎂金屬與四氯化鈦反應，產生鈦金屬。

分離雜質

提高溫度，去除氯化鎂（$MgCl_2$）和鎂。

海綿鈦

精煉過的鈦金屬含有許多空隙，因而稱為海綿鈦。

稀土包括哪些元素？

稀土是稀有金屬的其中一類，指週期表左起第3行（第3族）的17種金屬元素，即鈧、釔加上原子序57（鑭）～71（鎦）這15種鑭系元素（右圖）。

鑭系元素通常會獨立於週期表標示，而這15種元素都屬於稀土元素。單獨列在週期表之外，是因其內部構造的特殊性（下圖）。

鑭系各個元素的電子數雖然不同，但參與大多數化學反應的「最外殼層電子數」相同，因此化學性質非常相似。

比如釹和鏑之所以能做成強力磁鐵，就是因為內部的電子殼層有空位。電子殼層有空位，代表電子雲（electron cloud）可以變形。電子雲可以阻止鐵原子改變方向，維持原子朝向統一方向。

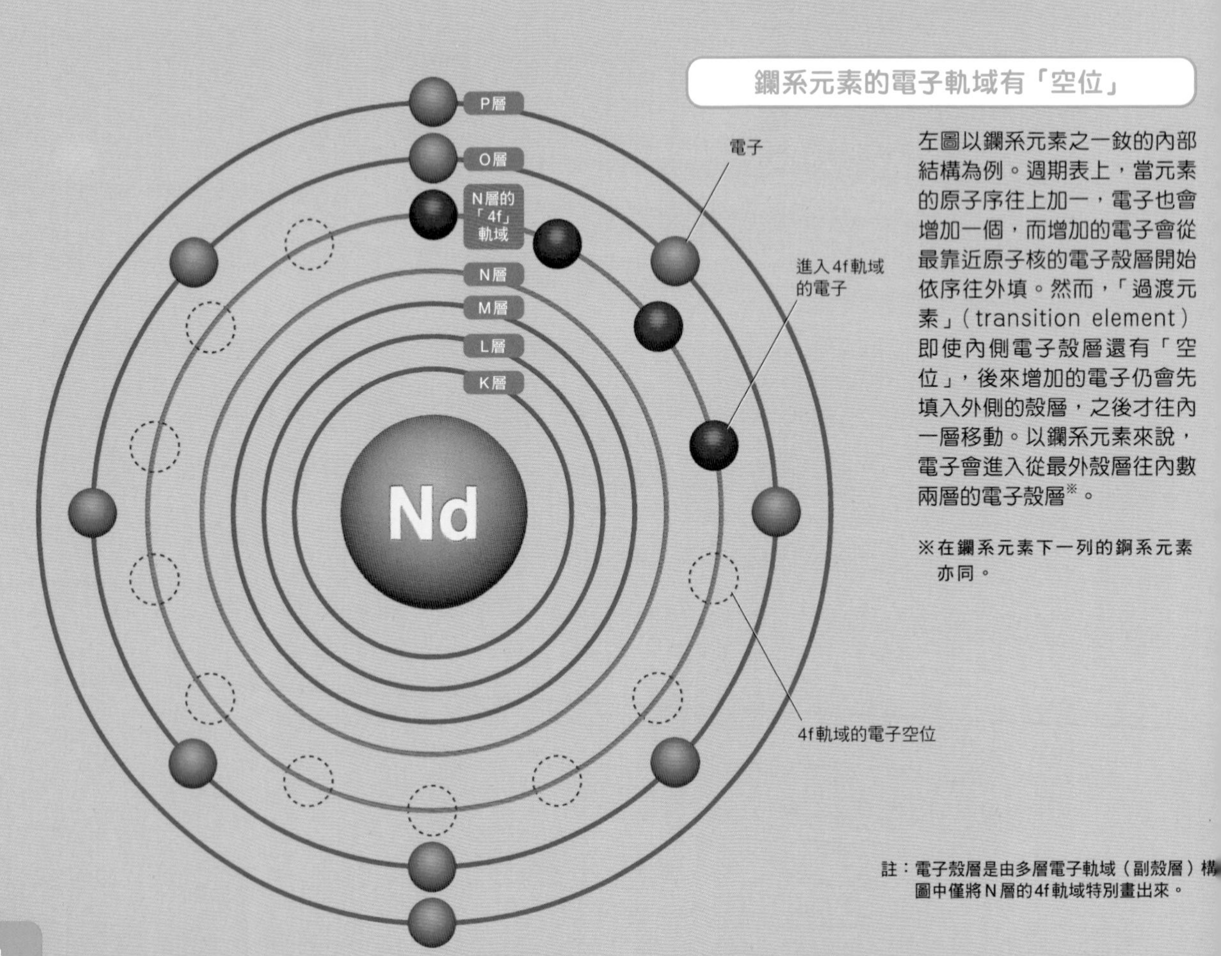

鑭系元素的電子軌域有「空位」

左圖以鑭系元素之一釹的內部結構為例。週期表上，當元素的原子序往上加一，電子也會增加一個，而增加的電子會從最靠近原子核的電子殼層開始依序往外填。然而，「過渡元素」（transition element）即使內側電子殼層還有「空位」，後來增加的電子仍會先填入外側的殼層，之後才往內一層移動。以鑭系元素來說，電子會進入從最外殼層往內數兩層的電子殼層※。

※在鑭系元素下一列的錒系元素亦同。

註：電子殼層是由多層電子軌域（副殼層）構成，圖中僅將N層的4f軌域特別畫出來。

週期表上的稀土

粉色的元素即為稀土。一般將原子序較小的鑭系元素（鑭、鈰、鐠、釹、鉕、釤、銪）稱作輕稀土元素（LREE），其他稱作重稀土元素（HREE）。

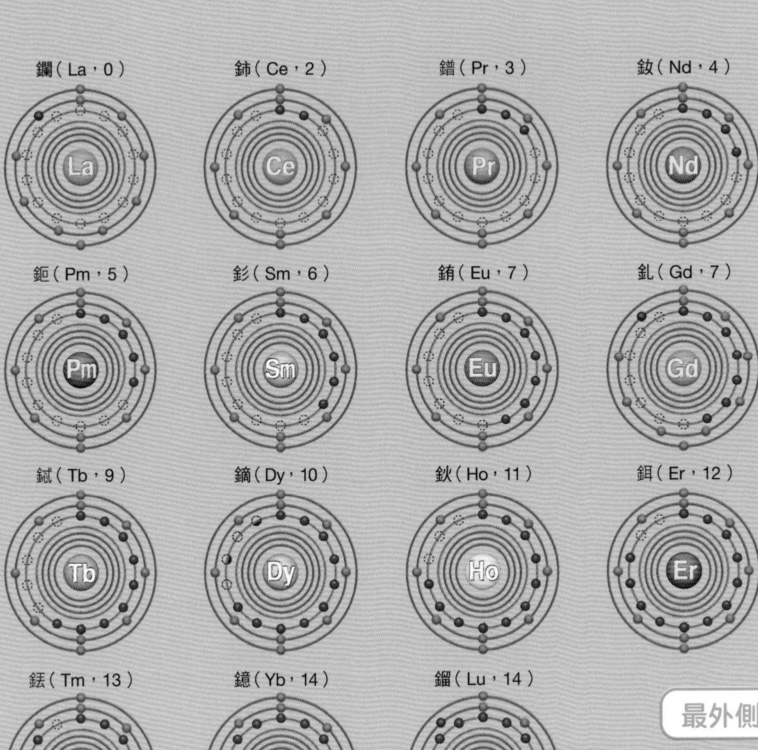

※元素記號後面的數字為4f軌域的電子數。

最外側的電子殼層都是2個電子

所有鑭系元素的電子殼層都只有2個電子。

※圖中中央球體（相當於原子核）的顏色是以該元素溶於水時呈現的顏色為準。

註：鑭、釓、鎦三者增加的電子會填入O層（紫色小球）而非4f軌域。

岩漿礦床與離子吸附型礦床

在什麼樣的地方可以開採到稀土呢？

稀土的礦床類型主要有兩種：「岩漿礦床」與「離子吸附型礦床」。

岩漿礦床是原本在地底深處的岩漿冷卻凝固後，出現於地表所形成的礦床。由於稀土元素在岩漿中的聚集速度比鐵和鎂還慢，因此較容易堆積在岩漿上方部分。

這種礦床的稀土產量由多到少分別為鈽、鑭、釹與其他元素。世界各地都有岩漿礦床，美中不足的地方是經常包含鈾等放射性元素，開採過程較為麻煩。

至於離子吸附型礦床，則是含有較多稀土

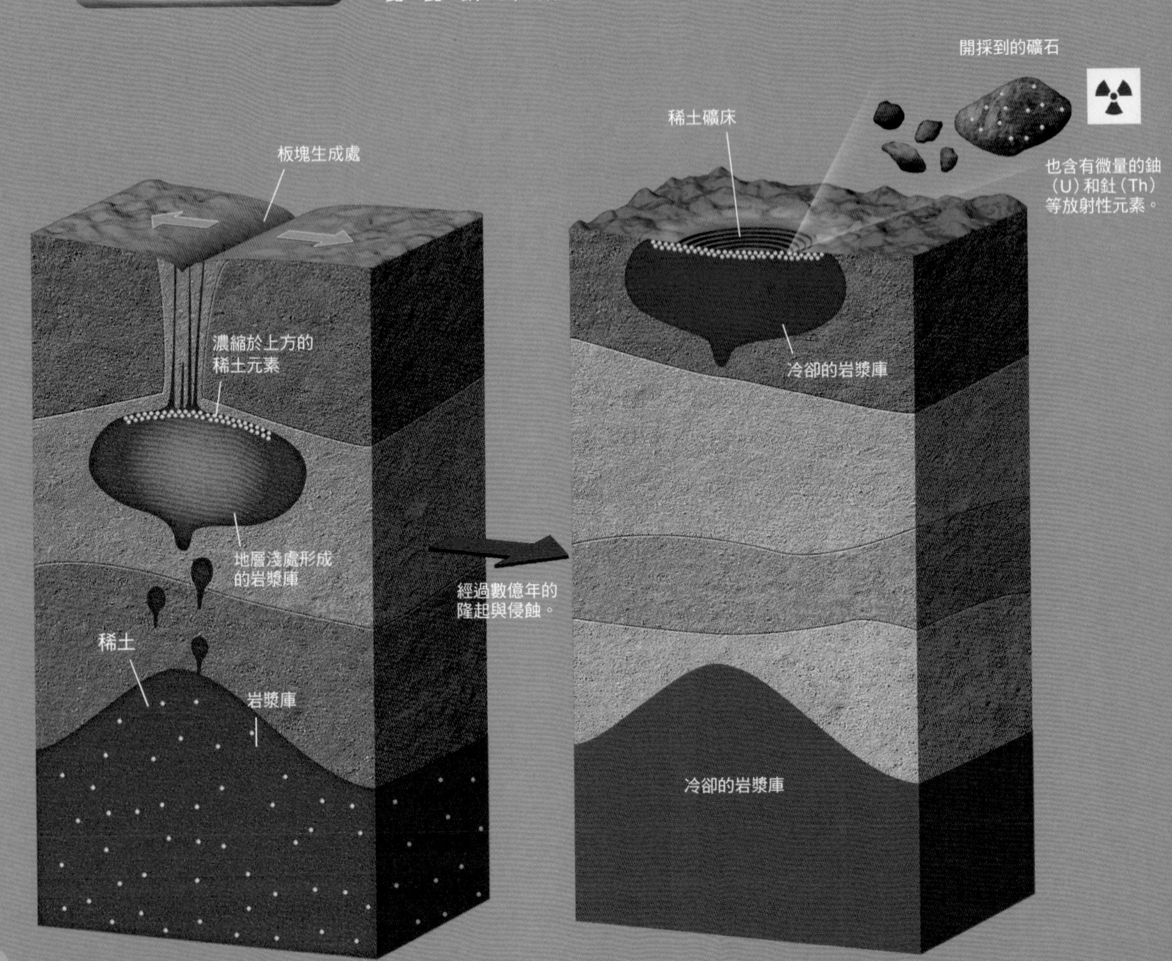

的花崗岩歷經數百萬年風化，最後形成黏土層的礦床。稀土以離子狀態吸附在黏土粒子的表面，因此只要淋上弱酸性液體，就能輕易採集稀土。至於其中的放射性元素，一般認為早在風化的過程中隨雨水流失。

稀土的開採與精煉都會對環境造成負擔，例如過度耗能、汙染地下水等問題。基於上述原因，也為了降低供給不穩定的風險，如今已經在著手開發稀土的回收利用技術與其他替代物質。

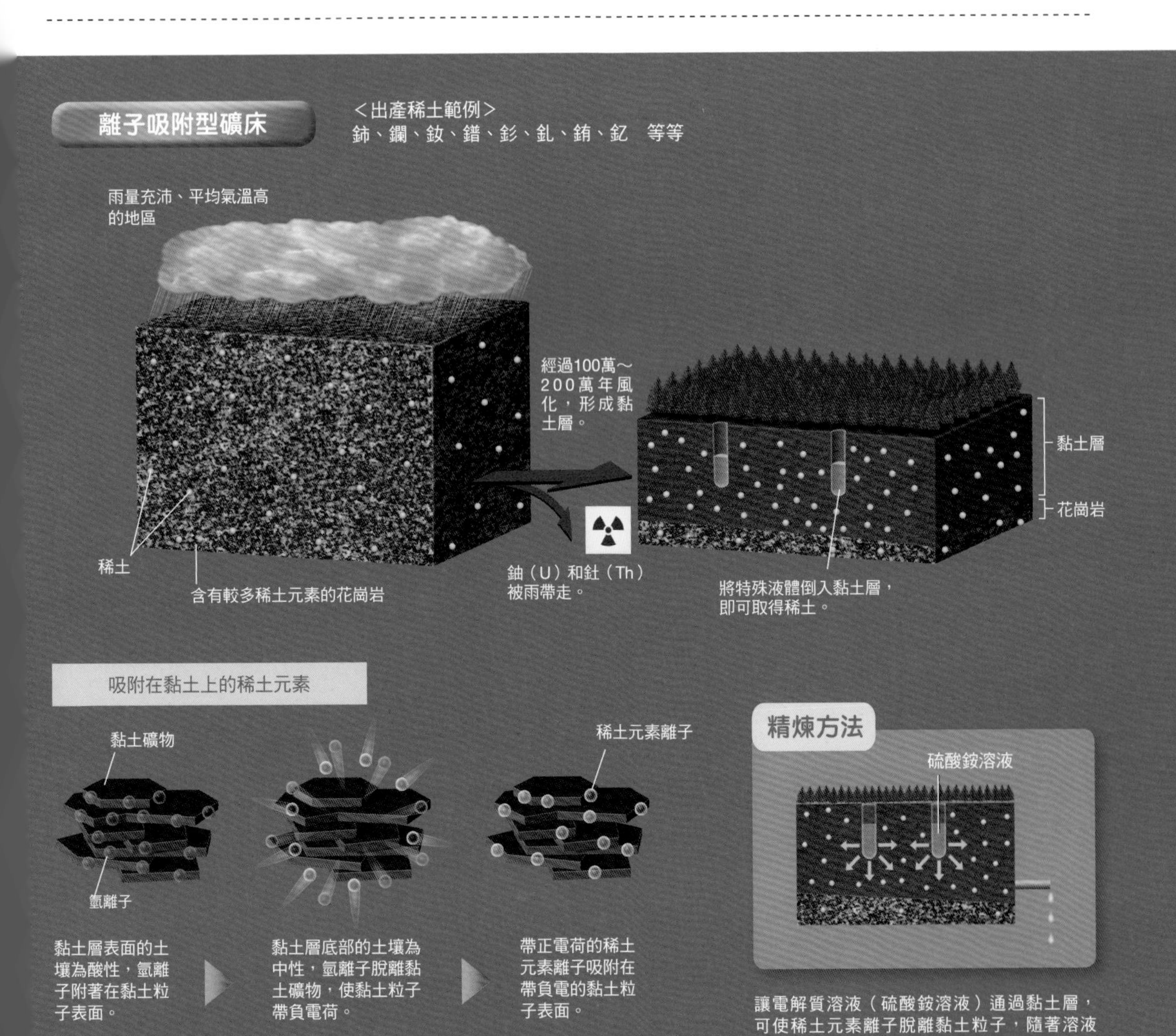

讓電解質溶液（硫酸銨溶液）通過黏土層，可使稀土元素離子脫離黏土粒子，隨著溶液流出。

鉻與釩能提高耐蝕性、耐熱性及強度

稀有金屬的用途之一是提高物質的耐蝕性、耐熱性及硬度。

在鐵中添加一定比例鉻的合金稱作「不鏽鋼」，特徵是不容易生鏽。其原理為表面的鉻與空氣中的氧結合，形成一層氧化膜以防合金內部氧化。

鎢的熔點非常高※1，而基本上金屬的熔點愈高，質地就愈堅硬。碳與鎢合成的「碳化鎢」(tungsten carbide)就是一種極其堅硬的「超合金」材料。

釩本身雖然較軟，但與鐵混合之後可以製成超硬合金「釩鋼」。順帶一提，第5族(釩族)元素※2皆為耐腐蝕且耐熱的金屬。鉻可以從鉻鐵礦取得，釩可以從水釩銅鉛石取得。

※1：熔點即物質從固體開始變成液體的溫度。鉻的熔點為1907℃、鎢的熔點為3422℃。
※2：釩、鈮、鉭。

鉻的原礦

鉻鐵礦為鐵（Fe）與鉻（Cr）的氧化物，若鐵與鎂互換使得鎂含量較多，則會變成「鎂鉻鐵礦」(magnesiochromite)。鉻鐵礦多藏於橄欖石與蛇紋岩，帶有微弱磁性。

(北海道產) P

鉻鐵礦(Chromite)

DATA	
分類	氧化礦物
晶體外形	塊狀
顏色／條痕	黑／褐
硬度	$5\frac{1}{2}$～6
解理	無
比重	4.8～5.1
晶系	立方晶系
化學組成	Cr_2FeO_4

有光澤且不易生鏽的「不鏽鋼」

不鏽鋼不容易生鏽，因此常用於廚具與各式建材。位於阿拉伯聯合大公國的地表最高建築「哈里發塔」，外牆也用了鐵鉻混合而成的不鏽鋼，讓塔身反射耀眼的陽光。

釩的原礦

水釩銅鉛石是銅（Cu）和鉛（Pb）的含水釩酸鹽礦物，若含鋅量多會變成「水釩鋅鉛石」（descloizite）。水釩銅鉛石形成於含銅、鉛、鋅的礦床氧化帶，名稱源自其原產地英國的莫托蘭（Mottram）。

（栃木縣產）N

水釩銅鉛石（Mottramite）

DATA	
分類	釩酸鹽礦物
晶體外形	葡萄狀、板狀
顏色／條痕	草綠、黃／黃
硬度	$3 \sim 3\frac{1}{2}$
解理	無
比重	5.9
晶系	斜方晶系
化學組成	$PbCu(VO_4)(OH)$

某些元素只要微量就能改變金屬強度

鎳也是不鏽鋼的原料。包含不鏽鋼在內，人類社會使用的鋼鐵材料都有添加各種元素，藉此改善強度（不易變形的程度）、延展性（容易塑形的程度）、韌性（不易斷裂的程度）等特性。

比方說，混合鐵與微量的鉻、鉬，可以製成輕巧卻高強度的「鉻鉬合金鋼」，應用於腳踏車、工具、菜刀等。

生活中常見的金屬通常不只是按規律排列而成的原子集合體，而是擁有好幾層複雜的構造。如右頁圖所示，若放大觀察金屬，會看見小小的金屬晶體（晶粒）聚集在一起。再放大觀察，會看見其中含有不一樣的元素，稱作「固溶元素」。除此之外，還有過去在變形過程中產生的「縫隙」，稱作「差排」（dislocation，或稱錯位）。晶粒的邊界（晶界）與固溶元素、差排等要素，都與金屬的性質有密不可分的關係。許多鋼鐵產品都是藉由精準調配這些微量元素來提高性能。

鎳能從鎳黃鐵礦和矽鎂鎳礦（garnierite）※取得；鉬可以從硫化鉬形成的輝鉬礦等礦物取得。鉬也是半導體基板的原料之一。

※俗稱暗鎳蛇紋石。矽鎂鎳礦為礦物名稱，大多產自蛇紋岩。

鎳的原礦

通常與磁鐵礦一同產自岩漿礦床。偶爾也呈現微粒狀，與鐵鎳礦一同藏在蛇紋岩之中。其名稱源自愛爾蘭自然科學家彭特蘭（Joseph Pentland，1797～1873）。

（澳洲產）Ⓟ

鎳黃鐵礦（Pentlandite）

DATA	
分類	硫化礦物
晶體外形	塊狀
顏色／條痕	黃褐、褐／黃銅褐
硬度	$3\frac{1}{2}$～4
解理	無
比重	4.9～5.2
晶系	立方晶系、三方晶系
化學組成	$(Ni,Fe,Co)_9S_8$

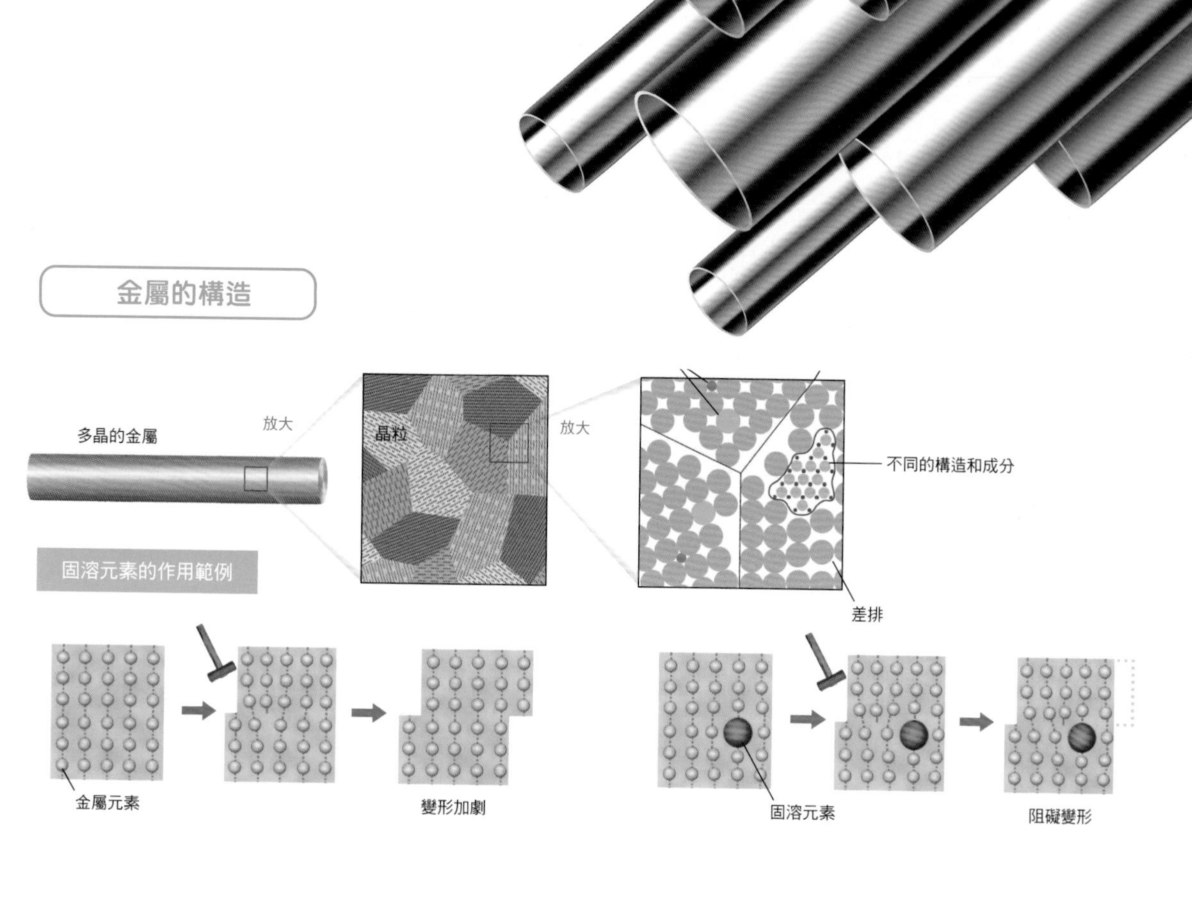

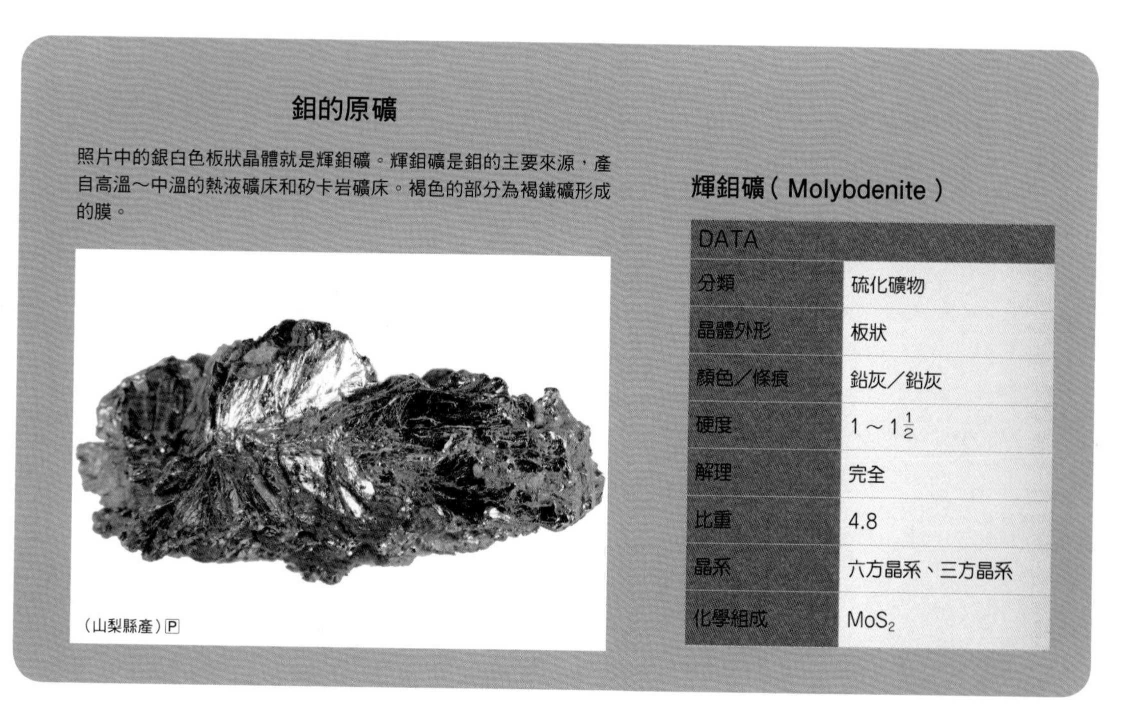

鉬的原礦

照片中的銀白色板狀晶體就是輝鉬礦。輝鉬礦是鉬的主要來源，產自高溫～中溫的熱液礦床和矽卡岩礦床。褐色的部分為褐鐵礦形成的膜。

（山梨縣產）P

輝鉬礦（Molybdenite）

DATA	
分類	硫化礦物
晶體外形	板狀
顏色／條痕	鉛灰／鉛灰
硬度	$1 \sim 1\frac{1}{2}$
解理	完全
比重	4.8
晶系	六方晶系、三方晶系
化學組成	MoS_2

讓電池脫胎換骨的鋰與錳

電池有幾種類型，例如鹼性電池這種無法充電、用後即丟的「一次電池」，以及鉛蓄電池、鎳氫電池這種可以充電並反覆使用的「二次電池」。鋰離子電池是一種體積小、容量大、電壓高的二次電池。有了鋰離子電池，手機和電腦才得以輕巧化。

鋰是最容易變成離子的元素※，因此鋰離子電池可以在瞬間產生龐大電流（讓電子流動）。此外，鋰也是最輕的金屬元素，所以能製成最輕巧的高性能電池。

錳主要用於製作鋼鐵，也是應用於電動車的鋰離子電池重要正極材料。

※化學上以「離子化傾向」描述元素是否容易變成離子的性質。

電池的種類

除了一次電池、二次電池之外，還有利用微生物的微生物燃料電池、利用光和熱等物理性質的電池等。

拋棄式電池
（一次電池）
錳乾電池
鹼性電池
鋰電池　等等

充電電池
（二次電池）
鉛蓄電池
鎳氫電池
鋰離子電池　等等

錳的原礦

軟錳礦為摩氏硬度$2\frac{1}{2}$的柔軟礦物，通常為錳礦風化而成的次生礦物，或產自低溫熱液礦脈。經常應用於鋼材、化學用品、乾電池等。

（德國產）Ⓟ

軟錳礦（Pyrolusite）

DATA	
分類	氧化礦物
晶體外形	柱狀
顏色／條痕	黑／黑
硬度	$6\frac{1}{2}$～2※
解理	完全
比重	5.2
晶系	正方晶系
化學組成	MnO_2

※亦有土狀的型態

鋰離子電池的機制

藉由鋰離子穿梭於碳層與鈷酸鋰層的活動，進行放電與充電。

※成分可能視用途稍作調整，圖以常見材料為例。

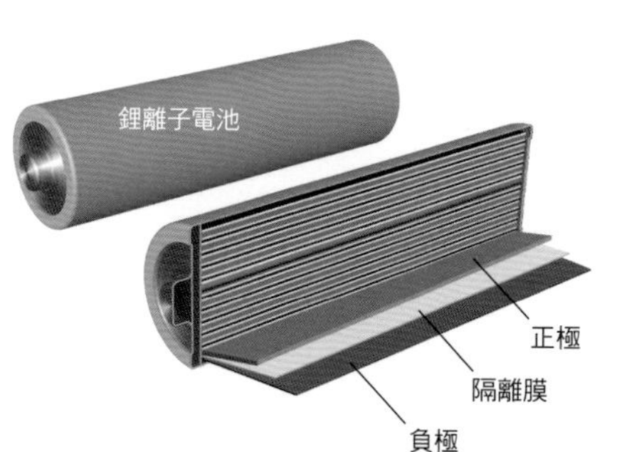

放電時的反應

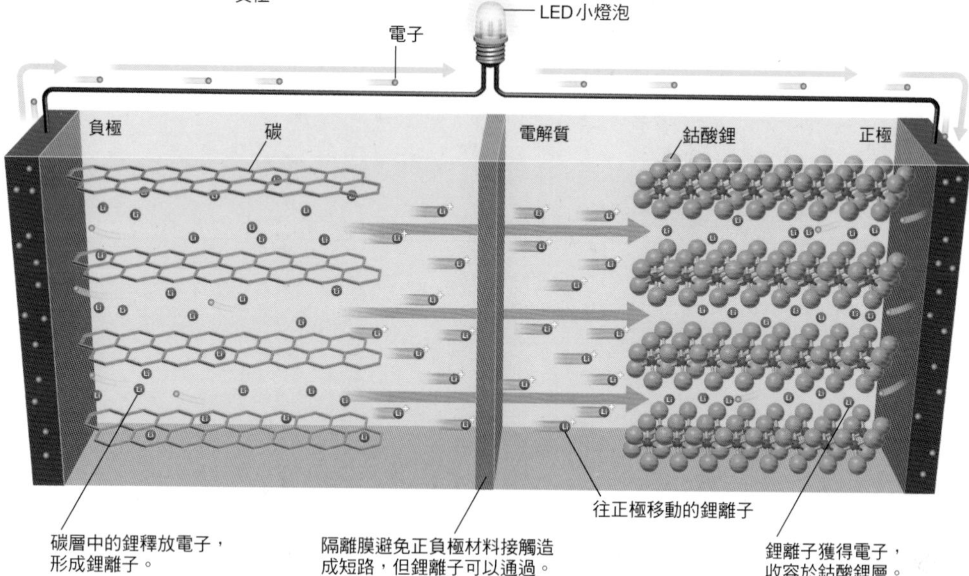

鋰的原礦

（阿富汗產）P

鋰輝石（Spodumene）

※資料見第107頁

美麗的鋰輝石晶體可以加工成珠寶飾品（第106頁）。雖然鋰也能從礦物中取得，但主要還是取自鹽湖。鋰除了用於鋰離子電池，也用於陶器或玻璃的添加劑。

阿塔卡瑪鹽沼

左圖為智利境內的阿塔卡瑪鹽沼（Salar de Atacama）。從安地斯山脈流入阿塔卡瑪湖的水富含礦物質。分離的過程為先將湖水汲取至人工池，待水分蒸發、使鋰濃縮，再去除液體中的雜質，形成碳酸鋰粉末。智利的鋰儲量約占了全球的六成。

銦是液晶顯示器的必要原料

稀有金屬有很大一部分應用於半導體產品。半導體是一種導電晶體，導電率介於金屬等優良導體與鑽石及食鹽等不導電的絕緣體之間。代表性的半導體材料有鍺、矽等。

銦是液晶顯示器內部「透明電極」的原料。銦的原礦有閃鋅礦（第158頁）和日本發現的「銦黃錫礦」。

銦並不會單獨形成礦床，大多微量蘊藏在鋅、錫、鉛等礦石之內，所以通常會利用上述礦物精煉剩下的「殘渣」進一步分離出銦。換句話說，銦相當於「副產品」，因此價格會受到鋅、鉛等主產品的影響。順帶一提，1公噸的地殼中僅含0.049公克的銦，是本質上就很稀有的金屬。

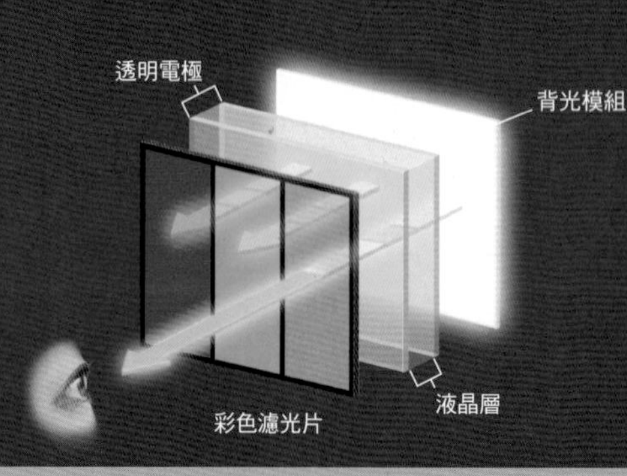

液晶顯示器的構造

發光的背光模組與上色的彩色濾光片之間，還有透明電極與液晶層。

銦的原礦

黃錫礦中的錫被銦取代的硫化礦物。1965年於日本發現，學名取自發現的業餘礦物學家櫻井欽一（日本稱之為櫻井礦）。

銦黃錫礦（Sakuraiite）

DATA	
分類	硫化礦物
晶體外形	塊狀
顏色／條痕	帶綠的鋼灰／鉛灰
硬度	4
解理	無
比重	4.5
晶系	正方晶系※1
化學組成	$(Cu,Zn,Fe)_3(In,Sn)S_4$※2

透光又導電的「透明電極」

液晶和電漿顯示器等產品的透明電極膜都含有銦的氧化物。

金屬雖然導電，但是受光時外圍活動的電子會阻擋並反射光線。另一方面，金屬與氧結合而成的物質（氧化物）做成薄板狀大多呈現透明貌，然而金屬氧化物通常不導電。

話雖如此，某些金屬氧化物只要添加額外的電子便能導電，例如鎘（Cd）、銦（In）、鋅（Zn）、錫（Sn）的氧化物。這些氧化物中，金屬原子的電子雲（電子分布區域）因為氧原子的關係而擴大、重疊，使電子得以在不同的原子之間移動。

添加額外電子的方法有兩個，一個是像銦和錫這樣，將原子序大一號（電子數多一個）的元素作為雜質混入。由於錫比銦多 1 個電子，這顆多出來的電子進入銦，便能夠擴大銦的電子雲。另一個方法是降低氧原子的密度。在氧濃度較低的環境下高溫燃燒銦氧化物（ITO），其中的氧原子便會東缺一塊西缺一塊，最後留下 2 個電子，這些電子進入銦之後即可擴張電子雲。

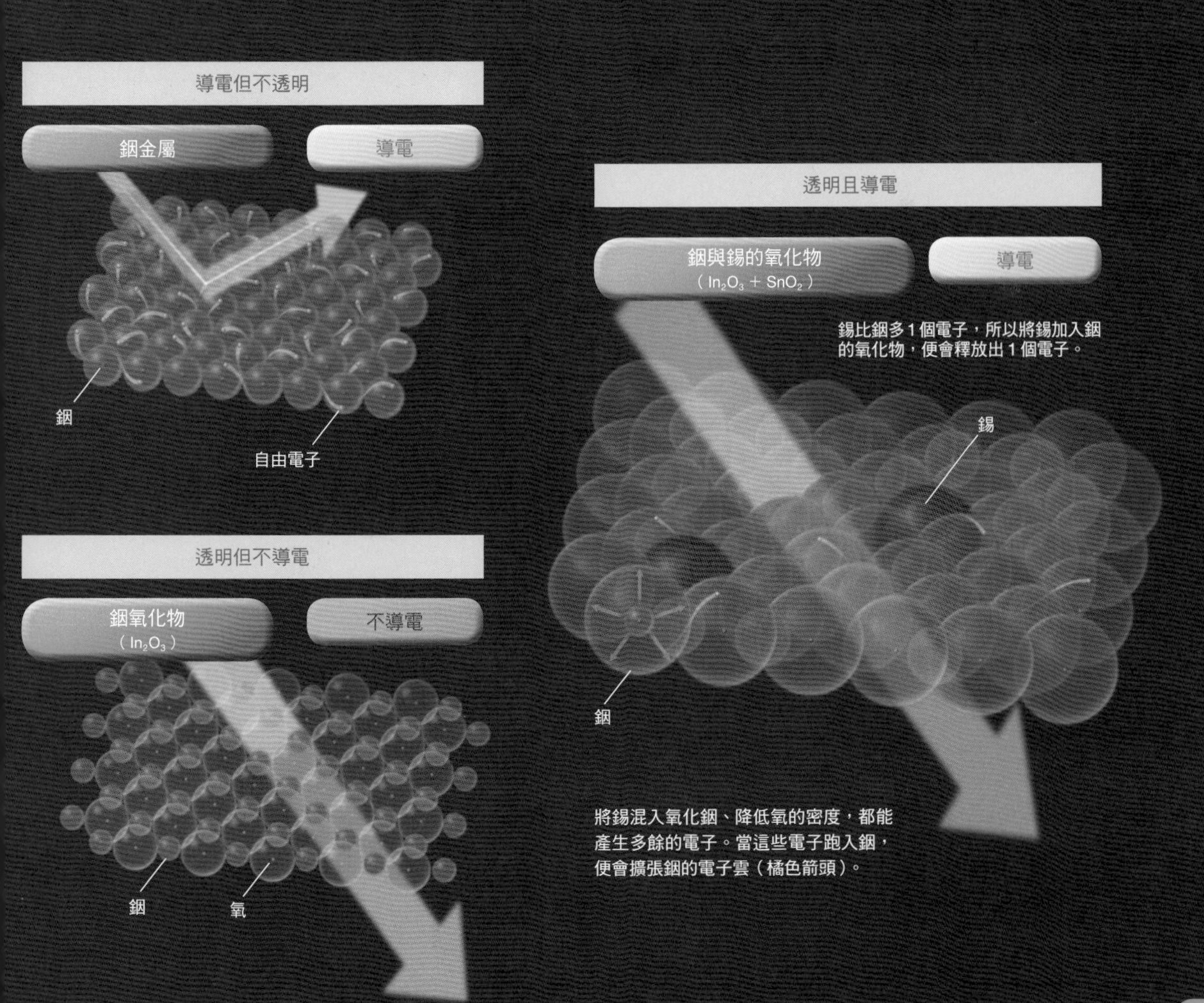

用於催化劑與光觸媒的鈦與鉑

鈦通常以氧化物（二氧化鈦）的形式存在於地下。從二氧化鈦中剝除氧、精煉出鈦的工程浩大，且電力消耗量驚人，因此鈦被歸類為稀有金屬（第182頁）。

二氧化鈦經常用於建築物外牆與廁所，發揮「光觸媒」（photocatalyst）的作用，在光照下促進髒汙分解。

所謂的觸媒（催化劑）是指少量存在即可加速化學反應，但本身不會產生任何變化的物質。除了光觸媒之外還有各種不同的催化

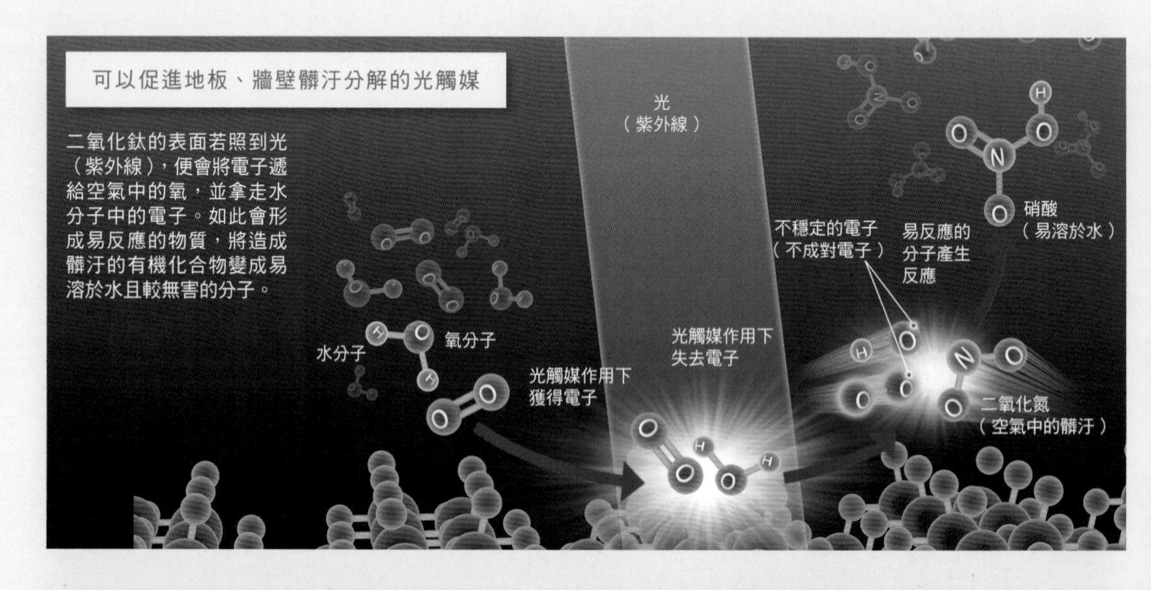

鈦的原礦

二氧化鈦形成的礦物除了金紅石，還有銳鈦礦（anatase）與板鈦礦（brookite）。這些礦物大多形成於火成岩和變質岩的石英晶體之中。

金紅石（Rutile）

（岐阜縣產）P

DATA	
分類	氧化礦物
晶體外形	四角柱狀
顏色／條痕	紅、褐、黃、黑／黃褐
硬度	$6\sim6\frac{1}{2}$
解理	明顯
比重	4.2
晶系	正方晶系
化學組成	TiO_2

劑，例如汽車的廢氣淨化裝置中的鉑。

鉑有78個電子繞行於原子核周圍，然而這些電子並未塞滿殼層，內部殼層還留有一個「空位」，因此鉑原子會吸引電子來填補這個空位。有害分子一旦接觸到鉑表面便會四分五裂，轉換成無害的分子再被釋放出去。

鈦可以從金紅石中提煉取得。鉑通常和「鈀」（Pd）、「銠」（Rh）等化學性質相似的元素（鉑系元素）一同出現在礦石中。

光觸媒發源於日本

最早發現光觸媒的是日本研究人員。1967年，當時就讀東京大學研究所、還是學生的藤嶋昭博士在實驗中偶然發現二氧化鈦（TiO_2）具有光觸媒的作用，並成功利用光分解水，於1972年在科學期刊《nature》發表論文，引起歐美各國熱烈關注。

淨化汽車廢氣的觸媒

※這類裝置通常不只含鉑，也會混合NOx（氮氧化物）分解能力優於鉑的「銠」，和功能類似鉑但是更便宜的「鈀」。

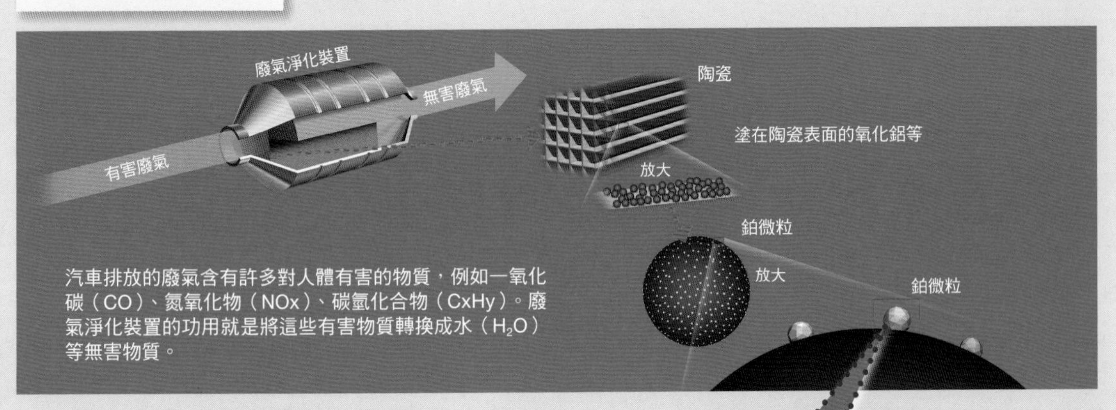

汽車排放的廢氣含有許多對人體有害的物質，例如一氧化碳（CO）、氮氧化物（NOx）、碳氫化合物（CxHy）。廢氣淨化裝置的功用就是將這些有害物質轉換成水（H_2O）等無害物質。

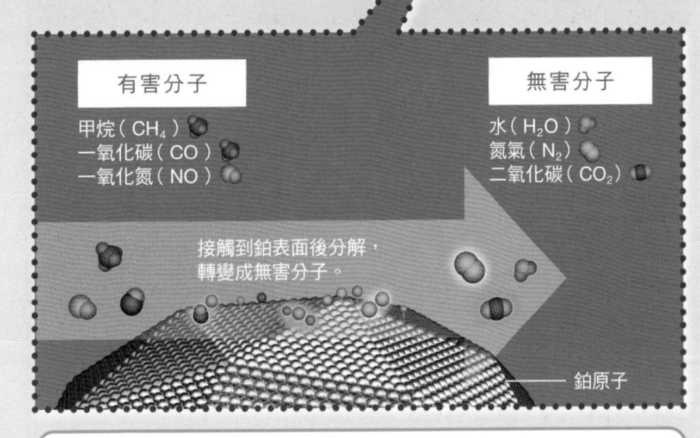

有害分子接觸到鉑表面後分解

廢氣淨化裝置的反應過程示意圖。例如甲烷（CH_4）會被分解成碳（C）和氫（H），附著於鉑表面。其中，氫又會和鉑表面的氧化合成水（H_2O）後脫離，一氧化碳（CO）會變成二氧化碳（CO_2），一氧化氮（NO）則會轉換成氮氣（N_2）排出。

鉑的原礦

鉑大多與鐵、鎳一同產出。橄欖岩風化、崩解後隨著河流聚集而成的砂鉑中，也能看到砂礦型態的鉑單晶。

自然鉑（Platinum）

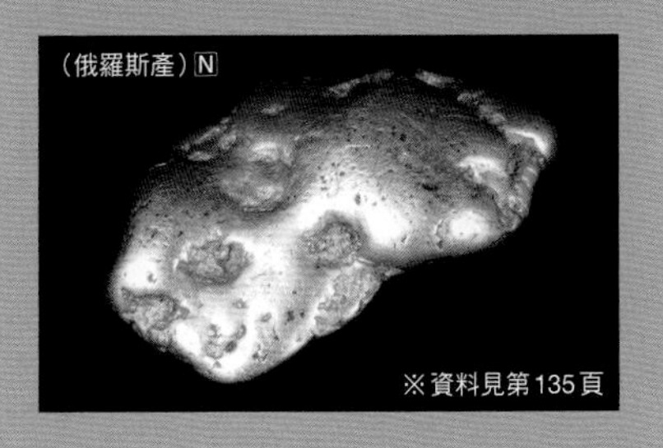

※資料見第135頁

COLUMN

發出彩虹般干涉色的人工鉍晶體

鉍的熔點只有271.3℃，在金屬之中偏低，故可用於製作名為伍氏合金（Wood's metal）的低熔點合金，應用到保險絲和消防設備等裝置。

鉍的原名「bismuth」由來眾說紛紜，可能是來自德語的「白色塊狀物」，抑或是來自阿拉伯語的「易融化」。

自然鉍與人工鉍晶體

鉍有天然生成也有人工製作的晶體。人工鉍晶體的表面可見彩虹般的干涉色，但這是表面氧化膜造成的結構色，並非鉍本身的顏色。

鉍的晶形相當特殊，因此觀賞用人工晶體的市場需求蓬勃。

在廚房就能製造晶體

鉍雖然是金屬，但是熔點很低，在一般家用廚房就有辦法自行做出人工晶體。

如右頁下方照片所示，以家用瓦斯爐融化鉍片再靜待降溫，即可得到幾何圖案的晶體。如果製作出來的晶體不夠理想，也可以再加熱融化、重新結晶，重複至滿意為止。

※融化溫度高，操作過程務必小心。

輝鉍礦由鉍和硫構成，主要產自熱液礦脈。

輝鉍礦（北海道產）P

輝鉍礦（Bismu

DATA	
分類	
晶體外形	
顏色／條痕	
硬度	
解理	
比重	
晶系	
化學組成	

鉍的人工晶體

鉍的導電性不佳，且常溫下呈現很強的反磁性。

自製鉍晶體

日本有些五金百貨即可買到鉍片。自製鉍晶體的過程相當高溫，建議在烤肉架上操作，並備妥皮製隔熱手套等裝備。

準備不鏽鋼材質的鍋子與杯子（容器）。液態鉍溫度很高，因此不鏽鋼杯也要放在不鏽鋼網或鐵網上。不可使用鋁鍋和鋁杯，因為鋁會被融化。

將鉍片放入鍋中，開瓦斯爐加熱融化。鉍片融化後倒入不鏽鋼容器，待表面稍微凝固即可用鑷子剝起。

基本用語解說

孔賽
美國寶石學家暨礦物學家（1856～1932）。年少時便對礦物感興趣，後受聘於紐約「蒂芬妮」公司。為世間帶來許多寶石，例如坦尚尼亞的「孔賽石」就是以他的名字命名。除了寶石界的成就，他也擔任過不少美國自然史與礦物相關團體的要職，發表過無數學術論文。

古地中海
也稱特提斯海。古生代後期至新生代第三紀，位於現今地中海一帶至東南亞一帶的海洋。一般認為現今的地中海與黑海都是古地中海留下的一部分。阿爾卑斯山和喜馬拉雅山脈的地層皆有出土當時海洋生物的化石，且具有共通性，稱作「特提斯動物相」（Tethys fauna）。

史坦諾
丹麥地質學家（1638～1686）。於荷蘭萊登大學研讀醫學，畢業後在斐狄南多二世（Ferdinando II de' Medici，1610～1670）的庇護下開始研究自然科學，晚年當上天主教會的主教。他發現了當時人們尚未知曉的法則，例如「上方地層比下方地層還新」，奠定現今地質科學的基礎，被譽為「地質學之父」。他也研究水晶，並發現面角守恆定律。

希望鑽石
希望鑽石的名稱源自過去一名持有者──倫敦銀行家霍普（Henry Hope，1774～1839）。當這顆112.5克拉（約22g）的藍色鑽石照到紫外線，可以發出超過一分鐘的磷光。雖然也有其他鑽石會發出磷光，但時間沒有這麼長。不過，希望鑽石最知名的傳說是會招致不幸，因此又稱作「被詛咒的寶石」。最早的持有者路易十四死於天花，而後歷代擁有者都死於非命，不過這些傳說多少有加油添醋的成分在。現在希望鑽石歸史密森尼學會所有。

汞齊法
汞的合金稱為汞齊。熔點低的汞與金、銀等金屬混合製成汞齊，經過加熱即可分離出多餘的汞。汞齊法成本低、效率好，但蒸發的煙會混入大氣造成汞汙染，因此現在幾乎不採用這種方法了。

沙漠玫瑰
常見成分有石膏（含水硫酸鈣，$CaSO_4 \cdot 2H_2O$）和重晶石（硫酸鋇，$BaSO_4$）。沙漠玫瑰形成的地方過去可能是綠洲。當綠洲的水分蒸發，水中成分濃縮，再結晶成花瓣貌便形成沙漠玫瑰。沙漠玫瑰的晶體透明，但結晶過程表面會包住沙子，所以質感粗糙。

角頁岩
主要為砂岩、泥岩等石灰岩以外的地層受岩漿加熱，變化（接觸變質）而成的岩石。多呈現黑色和灰褐色。

岩石圈
地球表層可大致分為大氣圈、水圈、岩石圈。岩石圈覆蓋於地表，厚度大約100公里。

矽
矽屬於碳族元素。二氧化矽俗稱矽石。矽通常會以氧化物的形式存在於造岩礦物之中，分量不少。據說矽是宇宙第八多的元素，在地球則是第三多的元素。除了地球之外，水星、金星、火星等也存在矽。

矽卡岩
石灰岩等碳酸鹽岩石接觸到岩漿或被岩漿加熱的熱液，本身的鈣成分與矽會和熱液中的鐵、氧化鋁等物質反應，變質為「矽卡岩」。矽卡岩礦物的種類很多，例如矽灰石、石榴石等，外觀也相當多變。有時不僅是接觸到熱液的部分會變成矽卡岩，而是整塊岩石都交代變質為矽卡岩，稱作「矽卡岩化」（skarnization），在該作用下形成的礦床則稱作「矽卡岩礦床」。矽卡一詞源自瑞典礦工熟知的礦山術語。

矽砂
砂狀石英，為玻璃與陶瓷的原料。矽砂分成以矽酸為主的矽石粉碎形成的「矽石粉」，和花崗岩風化形成、雜質較多的「天然矽砂」。

金箔
早在西元前的古埃及時代便已經存在。據說日本也在7世紀末至8世紀初就開始使用金箔，裝飾武士宅邸、寺院、佛像等。現在金箔也運用於飲食與諸多用途。日本的金箔有超過98%產自石川縣（金澤），其餘產自滋賀縣。高純度的金很難延展成箔狀，故市售金箔大多為含有銀、銅等的合金。

洋脊
洋脊為高溫地函物質往上引發海底火山活動所形成的山脈。最具代表性的「中洋脊」位於太西洋中央，貫穿大西洋。地球的洋脊總長度超過7萬公里，中央部分最高處海拔達2000～3000公尺。附帶一提，臺灣的玉山高度將近4000公尺。

高嶺
中國景德鎮郊外的地名。景德鎮藉著高嶺山出產的優質黏土，成為中國知名白瓷產地。

國際礦物學會
包含日本礦物科學會在內，全球38個國家的礦物相關團體為統一礦物名稱而共同成立的國際組織。與國際地質科學聯盟（IUGS）有合作關係。

氫
原子序1，最輕且全宇宙最多的元素。氫的單質多存在於火山口和天然氣，在地表上則大多與氧化合，以「水」的形式存在，也存在於岩石圈（地函與地殼）的礦物之中。

軟流圈
位於岩石圈底下，屬於上部地函較高溫且柔軟的部分，故會帶著上方的岩石圈（板塊）移動。由美國地質學家巴雷爾（Joseph Barrell，1869～1919）命名。

雪花石膏
成分顆粒特別細緻的石膏，具有黏性且質地柔軟，顏色多為白色～半透明色，經常用於雕刻。英文名稱「alabaster」源自埃及地名阿拉巴斯特龍（alabastron）。

斑狀組織
火成岩的一種組織，有肉眼可見的礦物大顆粒（晶體）。顆粒狀部分稱作「斑晶」，其周圍岩石稱作「基質」（groundmass）。

超合金
極度耐高溫的耐熱合金統稱。不鏽鋼的耐受溫度最多只能介於700～750℃左右，然而超合金在更高的溫度（1000℃以上）仍可以照常使用。飛機噴射引擎的材料就是超合金。超合金大多是以鎳、鈷為主成分，英文稱作「super alloy」。

週期表
19世紀，科學家逐漸揭開元素的神祕面紗，察覺其中的法則，並開始統整歸類。1869年俄羅斯化學家門得列夫（1834～1907）提出的「週期表」即為現行通用版本的基礎。後來，每發現新的元素就會修訂週期表，例如增加新的一列（族），至今仍持續更新。

雲母
含鋁、鉀、鈉等的層狀矽酸鹽類造岩礦物，晶體易成薄片狀剝落，英文稱作「mica」。雲母又依化學成分分成白雲母、鐵雲母（annite）、金雲母（phlogopite）等類型，統稱為「雲母群」。

黑礦礦床
約1500萬年前（第三紀中新世）因海底火山活動形成的礦床，分布於日本列島的日本海側。海底火山噴出的熱液含有硫化礦成分，碰到海水後冷卻、結晶沉澱，堆積在海底便形成礦床。黑礦為閃鋅礦、方鉛礦、重晶石的混合礦物。

塑膠
一種合成樹脂，加熱軟化後可形塑成各種造型。塑膠可大致分成「熱塑性」與「熱固性」兩個類型，其名稱源自希臘語的「plastikos」，意思是「具可塑性」。塑膠一般產自石油腦（naphtha），會先從聚合物型態轉變成顆粒狀，再製作成各項產品。

節理
岩石和地層上無「位移」現象的裂隙。熔岩冷卻時會收縮，而不同部位的收縮中心之間會相互拉扯，造成岩體上均勻的裂縫。玄武岩的柱狀節理多為六角柱狀，不過也有四角柱、五角柱、七角柱、八角柱的型態。板狀節理則是與岩漿冷卻面平行發展的節理。

隕石
隕石又分成石質隕石、石鐵隕石、鐵質隕石三種，其中的石質隕石又依有無含圓形的隕石球粒，分成「球粒隕石」（chondrite）與「無球隕石」（achondrite）。隕石大多含鐵，因此會被磁鐵吸引；不過大多數的無球隕石與部分球粒隕石則不會受磁鐵吸引。

熔渣
亦稱燒結塊，礦物加熱至某一部分呈現熔融狀態後，焚化爐中的灰附著於表面，再經高溫燒成塊狀的產物。用於製作水泥的熔渣稱作「水泥熟料」，除此之外還有白雲石熟料、氧化鎂熟料等。水泥熟料是將石灰、矽石、氧化鐵原料粉碎後，以1450℃左右的高溫燒製而成。

綠簾石
凝灰岩中空部分塞滿深綠色綠簾石的狀態，形似日本一種豌豆餡的和菓子，故在日文中又俗稱麻糬石。這種岩石中空處形成晶體的狀態稱作「晶洞」，內部晶體也可能是石英而非綠簾石，這種石英晶洞又暱稱為「白豆沙」。日本長野縣上田市將出產的麻糬石列為該市的自然紀念物。

熱液礦床
熱液即被岩漿加溫的熱水，通常含有各式各樣的岩漿揮發成分。熱液礦床可依其形成方式與地質區分成幾種類型，例如矽卡岩礦床和海底熱液噴泉形成的礦床。

隱沒帶
不同板塊之間重疊的部分，其中一方會沒入另一方底下，沒入的部分稱作隱沒板塊（downgoing slab）。

鑭系元素
原子序57的鑭（La）與原子序58的鈰（Ce）～71的鎦（Lu）性質類似，這15個元素統稱鑭系元素。其英文名稱lanthanoid字尾的「noid」意思是「相似物」。原子的半徑通常會隨著原子序增加而擴大，不過鑭系元素的15種元素則是原子序愈大，離子半徑愈小。這是因為鑭系元素的電子增加時，會跳過原子最外面的電子殼層，直接進入內側的特殊軌域，使電子與原子核之間產生強大吸引力所致，稱作「鑭系收縮」（lanthanide contraction）。

Index

索引

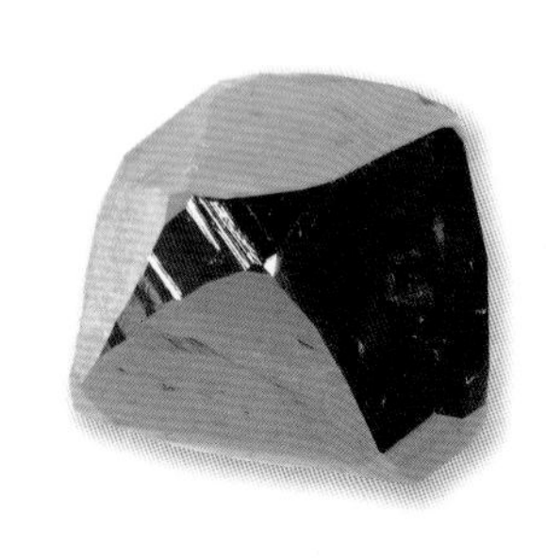

十二畫

十三畫

十四畫

十五畫

Staff

Editorial Management	木村直之
Editorial Staff	中村真哉，矢野亜希
Cover desigh	小笠原真一，北村優奈（株式会社ロッケン）
Design Format	小笠原真一（株式会社ロッケン）
DTP Operation	髙橋智恵子

Photograph

写真にⓅと表記のあるもの：個人蔵
写真にⓃとあるもの：国立科学博物館（櫻井鉱物標本など）

6-7	松原 聰
8-9	（花崗閃緑岩）松原 聰，（その他）stock.adobe.com
14-15	（リチア雲母）松原 聰，（アルゴン）stock.adobe.com
18-21	stock.adobe.com
23	松原 聰
24-25	（岩塩・南極，琥珀）松原 聰，（人工アンタークチサイト）矢野亜希，（その他）stock.adobe.com
26-27	松原 聰，（琥珀）stock.adobe.com
28-29	（蛍石，黄鉄鉱，スピネル，緑柱石，重晶石，菱マンガン鉱，鋭錐石，あられ石，ブーランジェ鉱，自然銀，ぶどう石）松原 聰，（黒雲母）stock.adobe.com
30-31	（方解石（左），滑石，石膏，方解石（右），蛍石，正長石，トパーズ，コランダム，ダイヤモンド）松原 聰，（雲母，苦盤石榴石，燐灰石，石英，硬さ試験機）stock.adobe.com
32-37	松原 聰
48-49	松原 聰
50-51	松原 聰，（ペリドット）stock.adobe.com
52-59	松原 聰
62-63	（方鉛鉱，ダイヤモンド，赤銅鉱）松原 聰，（磁鉄鉱）stock.adobe.com
64-65	（ベスブ石，錫石）松原 聰，（杯）stock.adobe.com
66-67	（菫青石，重晶石，ぶどう石，ぶどう石集合状態）松原 聰，（inemouse72@gmail.comアイオライト，重晶石集合状態，）stock.adobe.com
68-69	松原 聰，（石膏結晶）stock.adobe.com
70-73	松原 聰
74-75	（自然水銀）松原 聰，（その他）stock.adobe.com
76-77	（ペグマタイト）松原 聰，（その他）stock.adobe.com
78-79	松原 聰
80-81	stock.adobe.com
82-83	（ダイヤ原石）松原 聰，（その他）stock.adobe.com
84-85	（原石３種，コランダム）松原 聰，（その他）stock.adobe.com
86-87	（クリソベリル原石・アレキサンドライト原石）松原 聰，（太陽光下・白熱光下）撮影；北脇裕士，（その他）stock.adobe.com
88-89	（漂砂鉱床のスピネル）松原 聰，（その他）stock.adobe.com
90-91	（トパーズ原石）松原 聰，（その他）stock.adobe.com
92-93	（緑柱石結晶（右上））松原 聰，（その他）stock.adobe.com
94-95	（イエロートルマリン原石，パーティーカラートルマリン原石）松原 聰，（その他）stock.adobe.com
96-97	（鉄礬石榴石，レインボーガーネット）松原 聰，（その他）stock.adobe.com
98-99	（石英原石）松原 聰，（その他）stock.adobe.com
100-101	（紫水晶原石，虎目石原石，虎目石研磨したもの，シトリン）松原 聰，（その他）stock.adobe.com
102-103	（瑪瑙原石，カメオ）松原 聰，（その他）stock.adobe.com
104-105	（ヒスイ輝石原石，ヒスイ輝石研磨したもの）松原 聰，（その他）stock.adobe.com
106-107	松原 聰，（リチア輝石２種）stock.adobe.com
108-109	（ゾイサイト原石，ゾイサイト研磨したもの）松原 聰，（その他）stock.adobe.com
110-111	松原 聰
112-113	（ムーンストーン原石，ムーンストーン研磨したもの，アマゾナイト原石，アマゾナイト研磨したもの，サンストーン原石）松原 聰，（その他）stock.adobe.com
114-115	stock.adobe.com
116-117	（ホワイトオパール原石，ホワイトオパール研磨したもの，レインボーアンモナイト，オパール化した二枚貝）松原 聰，（その他）stock.adobe.com
118-119	（トルコ石原石）松原 聰，（その他）stock.adobe.com
120-123	stock.adobe.com
124-125	（琥珀原石（右上））松原 聰，（その他）stock.adobe.com
128-129	松原 聰
132-133	松原 聰，（指輪）stock.adobe.com
134-135	松原 聰，（指輪）stock.adobe.com
136-137	（自然銅）松原 聰，（その他）stock.adobe.com
138-139	（右上）松原 聰，（その他）stock.adobe.com
140-141	（方解石原石２点）松原 聰，（その他）stock.adobe.com
142-143	（燐灰ウラン石，燐灰ウラン石蛍光状態）松原 聰，（その他）stock.adobe.com
145	松原 聰
146-147	（印象化石）松原 聰，（その他）stock.adobe.com
148-149	松原 聰
152-153	（岩塩）松原 聰，（その他）stock.adobe.com
155	松原 聰
158-159	松原 聰，（ホルン）stock.adobe.com
161	stock.adobe.com
162-163	（硫黄原石）松原 聰，（その他）stock.adobe.com
164-165	（右上ジルコン原石）松原 聰，（その他）stock.adobe.com
166-167	stock.adobe.com
168-169	（カオリナイト 原石）松原 聰，（その他）stock.adobe.com
170-171	（石灰石）松原 聰，（その他）stock.adobe.com

172-173	（ウレックス石２点）松原 聰，（その他）stock.adobe.com
174-175	松原 聰
178-183	stock.adobe.com
188-189	（クロム鉄鉱，モットラム石）松原 聰，（その他）stock.adobe.com
190-191	松原 聰
192-193	（軟マンガン鉱，リチア輝石）松原 聰，（アタカマ湖）stock.adobe.com
194～197	松原 聰
198-199	（輝蒼鉛鉱）松原 聰，（ビスマスの人工結晶）stock.adobe.com，（つくり方）矢野亜希

Illustration

10-11	（右上）羽田野乃花，（その他）Newton Press
12～15	Newton Press
16-17	（単位格子）小林 稔，（晶系）羽田野乃花
18-21	Newton Press
26-29	羽田野乃花
30-31	（モース硬度）羽田野乃花，（その他）stock.adobe.com
32-33	stock.adobe.com
34-35	（小惑星帯）Newton Press，（隕石）松田准一
38-39	Newton Press
40-41	（スノーライン）Newton Press，（地球）stock.adobe.com
42-57	Newton Press
60-61	（晶系）羽田野乃花，（雪結晶）Newton Press，（結合）矢田 明
62-71	羽田野乃花
72-73	（六角形）Newton Press，（結晶形）羽田野乃花
74-75	藤丸恵美子
77	Newton Press
82-83	（模式図）Newton Press，（地図）stock.adobe.com
87	Newton Press
94	Newton Press
99	Newton Press
117	Newton Press
121	stock.adobe.com
123	（遊色効果）Newton Press，（真珠貝）stock.adobe.com
126-127	Newton Press
130-133	（金塊）stock.adobe.com，（その他）Newton Press
136	Newton Press
144-145	Newton Press
150-151	Newton Press
153-161	Newton Press
162	stock.adobe.com
166-167	stock.adobe.com
170-172	stock.adobe.com
176-177	（スマートフォンスピーカー）木下真一郎，（その他）Newton Press
180-181	（地層図）Newton Press，（その他）stock.adobe.com
182-187	Newton Press
191	（右上）stock.adobe.com，（その他）Newton Press
192-197	Newton Press

Galileo科學大圖鑑系列22

VISUAL BOOK OF THE MINERAL

礦物大圖鑑

作者／日本Newton Press
特約主編／王原賢
翻譯／沈俊傑
編輯／蔣詩綺
發行人／周元白
出版者／人人出版股份有限公司
地址／231028新北市新店區寶橋路235巷6弄6號7樓
電話／(02)2918-3366（代表號）
傳真／(02)2914-0000
網址／www.jjp.com.tw
郵政劃撥帳號／16402311人人出版股份有限公司
製版印刷／長城製版印刷股份有限公司
電話／(02)2918-3366（代表號）
香港經銷商／一代匯集
電話／(852)2783-8102
第一版第一刷／2023年11月
定價／新台幣630元
港幣210元

國家圖書館出版品預行編目資料

礦物大圖鑑/Visual book the mineral/
日本 Newton Press 作；
沈俊傑翻譯. -- 第一版. -- 新北市：
人人出版股份有限公司, 2023.11
面； 公分. --（伽利略科學大圖鑑；22）
ISBN 978-986-461-359-5(平裝)
1.CST：礦物學

357　　112016420

NEWTON DAIZUKAN SERIES KOBUTSU DAIZUKAN
© 2022 by Newton Press Inc.
Chinese translation rights in complex characters
arranged with Newton Press
through Japan UNI Agency, Inc., Tokyo
www.newtonpress.co.jp

●著作權所有 翻印必究●